JN093387

Learning Modern Linux
A Handbook for the Cloud Native Practitioner

Michael Hausenblas

Beijing · Boston · Farnham · Sebastopol · Tokyo

訳者まえがき

　最初にこの本を読んだときは、「Modern Linux」というタイトルの通りモダンな、すなわち最新の情報があるため楽しく読み進めることができました。そしてこれは新人からベテランまで多くの方に読んでほしいと思いました。

　この本の構成は、各章の前半は一般的なもので、後半は最新の情報となっています。前半はLinuxエンジニアなら誰でも必要な情報です。後半は知らないことが多くあるかもしれません。ベテランエンジニアであるほど、業務が忙しく、最新の情報には疎くなりがちです。そのため各章の後半は、誰でも興味深く読むことができると思います。

　またこの本の特徴の1つは、全体の内容が基本的であるにもかかわらず、2章にカーネルがあることです。カーネルについて実装レベルの知識は必要ありませんが、Linuxがどのような動きをするのか、どのような機能があるのかを知っているだけで、エンジニアとしての質が向上し、先を見通したシステム設計やプログラミングができると思います。

　なお、原書のサブタイトルは、「クラウドネイティブな実践者のためのハンドブック」（A Handbook for the Cloud Native Practitioner）ですが、決してクラウドに特化した内容ではありませんし、ほとんどが組み込み分野でも必要なものとなっています。

　具体的な例を挙げると、最近は組み込みでも仮想化やコンテナは使われています。8章のStatsDは、Androidのモジュラーシステムコンポーネントとして含まれています（https://source.android.com/docs/core/architecture/modular-system/statsd）。スマートフォン以外の組み込み機器も高機能になり、RTOSからLinuxへ切り替えられ、フルHDのグラフィックやネットワークへの接続もします。サーバで必要な機能が組み込みでも必要となってきています。

日本語版の特徴

　オライリー・ジャパンの信念である「現場ですぐに役立つ情報」は今回も心がけました。訳者の経験から、この現場で役立つ情報を注釈ではなく訳者補として本文中に追記しました。

　また付録Aには、最新の情報ではありませんが、多くの便利なコマンドを追記しました。これは私が入社して数年になるエンジニアにいつも教えているもので、長期にわたって記録した秘伝のメモから、厳選して

記載しました。ベテランエンジニアでも知っておきたかったと強く思うような便利なコマンドがあるかもしれません。

　翻訳するにあたっては、文章は普段の言葉遣いを意識し、聞き慣れない言葉には注釈を入れています。できるだけ、つまずくことなく（読んでいる途中にウェブで調べることなく）、スムーズに読めるようにしたつもりです。

謝辞

　翻訳の機会をいただき、校正から出版まで多大なサポートをしていただいたオライリー・ジャパン編集部赤池涼子さんに感謝いたします。4章のアクセス制御、5章のファイルシステム、9章の高度なトピックについては、Linuxカーネルの開発に長年にわたり貢献されている武内覚さんに担当していただきました。武内さんはオープンソース活動で多忙にもかかわらず快諾していただきました。改めて感謝いたします。

2023年3月

大岩 尚宏

はじめに

『入門 モダンLinux』へようこそ！この旅を少しの間、一緒に歩んでいけることを嬉しく思います。この本は、すでにLinuxを使っていて、体系的かつ実践的なアプローチで、より深く理解したいと考えている読者や、または、すでにLinuxの経験があり、例えば開発や運用など専門的な設定において、作業する際の流れを改善するためのヒントやコツを知りたいと考えている読者に向けて書かれています。

システム管理の面ではなく、開発からオフィス関連のタスクまで、日々の作業に使うLinuxに焦点を当てます。また、グラフィカルUIではなく、コマンドラインに焦点を当てます。我々はターミナルを使ってLinuxを操作するので、2022年はデスクトップLinux元年になるかもしれません。これは、Raspberry Piから、クラウドプロバイダの仮想マシンまで、さまざまな設定において等しく知識を適用できるという利点も得られます。

本題に入る前に、私自身の旅を紹介することで、背景を説明したいと思います。私が初めて実際に体験したOSは、Linuxではありません。最初に使ったOSは、80年代後半のAmigaOSでした。その後、工業高校で主にMicrosoft DOSと、当時発売間もないMicrosoft Windowsを使い、特にイベントシステムやユーザインタフェース関連の開発を行っていました。1990年代半ばから後半にかけての大学在学中は、研究室でUnixベースのSolarisやSilicon Graphics搭載のマシンをメインに使っていました。実際にLinuxに興味を持つようになったのは、2000年代半ばにビッグデータに関わるようになってからです。その後、Mesosphereに勤めていた2015年にApache Mesosを扱い、Red HatのOpenShiftチームと、その後AWSのコンテナサービスチームにいたときにKubernetes関連でコンテナを扱うようになりました。そこで私は、この分野で活躍するためには、Linuxをマスターする必要があることに気づきました。Linuxは特別です。その背景、世界中のユーザコミュニティ、何より多用途性と柔軟性により、ほかに類を見ないものとなっています。

Linuxは、オープンソースの個人とベンダによる、興味深い、成長を続けるエコシステムです。50ドルのRaspberry Piから、お気に入りのクラウドプロバイダの仮想マシン、火星探査機まで、太陽の下であればほとんど何でも動きます。開発開始から30年が経過したLinuxは、しばらくはこの状況が続くでしょう。ですから、Linuxをもう少し深く理解するには、今が良いタイミングです。

まずは、基本的なルールと、何を期待するかを設定しましょう。この「はじめに」では、この本を最大限に活用する方法と、これから一緒に取り組むトピックを、どこでどのように試せるかといった管理的な事項を紹介します。

対象読者

　この本は、ソフトウェア開発者、ソフトウェアアーキテクト、QAテストエンジニア、DevOpsおよびSREの担当者、および同様の役割など、専門的な環境でLinuxを使用したい、または使用する必要がある人に向けて書いたものです。3Dプリンタの使用や自宅のリフォームといったアクティビティを追求する上でLinuxに出会う趣味の人の場合は、一般的なOSやLinux/UNIXに関する知識はほとんどないものと想定しています。本書は、各章が互いに関連しているため、最初から最後まで通して読むと、本書を最大限に活用できるでしょう。一方、すでにLinuxに詳しい読者は、リファレンスとして利用することもできます。

本書の使い方

　この本の目的は、Linuxを使いこなすことで、管理することではありません。Linuxの管理については、素晴らしい書籍が数多くあります。

　本書を読み終わるころには、多くのことが理解できるでしょう。Linuxとは何か（1章）、その重要な構成要素は何か（2章、3章）がわかるでしょう。重要なアクセス制御機構を組み合わせ、使用できるようになるでしょう（4章）。また、Linuxの基本的な構成要素であるファイルシステム（5章）の役割を理解し、アプリケーション（6章）が何であるかも理解できるでしょう。

　次に、Linuxのネットワークスタックとツール（7章）について、実際に使います。さらに、モダンなOSのオブザーバビリティ（8章）と、ワークロードの管理にそれをどのように適用するかを学びます。

　コンテナやBottlerocketのような不変性があるディストリビューションを使用して、Linuxアプリケーションをモダンな方法で実行する方法と、SSH（Secure Shell）やピアツーピア、クラウド同期メカニズムなどの高度なツールを使用して安全に通信（ファイルのダウンロードなど）およびデータを共有する方法を理解できるようになるでしょう（9章）。

　読者がいろいろなことを試したり、一緒について行ったりできる方法を、次のように提案します（Linuxを学ぶことは言語を学ぶことに似ています。たくさん練習することを強く勧めます）。

- Linuxのデスクトップまたは、ラップトップを入手する。例えば、私はStar Labs製のStarBookというとても素晴らしいマシンを持っている。または、Windowsを動かしていたデスクトップやラップトップに、Linuxをインストールすることもできる。
- 別の（ホスト）OS、例えばMacBookやiMacで試したい場合は、仮想マシン（VM）を使うことができる。例えば、macOS上では、素晴らしいLinux-on-Macを使うことができる。
- クラウドプロバイダを使って、LinuxベースのVMを起動することもできる。
- 工作好きで、ARMなどIntel以外のプロセッサアーキテクチャを試してみたい読者は、素晴らしいRaspberry Piのようなシングルボードコンピュータを購入することもできる。

　いずれにせよ、手元に環境を整えて、たくさん練習しましょう。本をただ読むだけでなく、コマンドを試したり、実験してみましょう。例えば、無意味な入力や意図的に不正な入力をして、物事を「壊して」みてください。コマンドを実行する前に、結果について仮説を立てるようにするのです。

　もう1つコツがあります。常に「なぜ」と疑問を持ちましょう。コマンドや出力から、それがどこから来たのか、その原因となる根本的なコンポーネントは何であるかを理解するように努めてください。

本書の表記法

　本書では次の表記法が使われています。

ゴシック（サンプル）
　　新出用語や強調を表す。

等幅（sample）
　　プログラムリストのほか、本文中において変数や関数名、データベース、データ型、環境変数、ステートメント、キーワードなどのプログラム要素を表すのに使う。また、ファイル名やファイル拡張子も表す。

等幅イタリック（sample）
　　ユーザが指定する値やコンテキストによって決まる値に置き換えるべきテキストを表す。

 ヒントや提案を表す。

 一般的な注釈を表す。

 警告や注意を表す。

サンプルコードの使用

　本書に付随するコードや練習問題などはGitHub（https://github.com/mhausenblas/modern-linux.info）からダウンロードできます。

　サンプルコードに関する技術的な質問や問題は、bookquestions@oreilly.comにメールしてください。

　本書の目的は読者の仕事の一助となることです。原則として、本書に掲載されているサンプルコードは、読者のプログラムやドキュメントに使用できます。コードの大部分を複製しない限り、特に許可を求める必要はありません。例えば、本書のコードの一部を使用してプログラムを作成することは問題ありません。しかし本書のコードをCD-ROMとして販売あるいは配布する場合には許可が必要となります。また、本書の内容およびコードを引用して問題に答えることは問題ありませんが、本書のサンプルコードの大部分を製品マニュアルに転載するような場合には許可が必要となります。

　引用の際には出典を明記することはありがたいですが、必須ではありません。出典を示す際は、通常、題

名、著者、出版社、ISBNを記述してください。例えば、『*Learning Modern Linux*』（Michael Hausenblas 著、O'Reilly、Copyright 2022 Michael Hausenblas、ISBN978-1-098-10894-6）、日本語版『入門 モダン Linux』（オライリー・ジャパン、ISBN978-4-8144-0021-8）のようになります。

サンプルコードの使い方が公正な使用の範囲を逸脱したり、上記の許可の範囲を越えると感じる場合には、permissions@oreilly.com に気軽に問い合わせてください。

オライリー学習プラットフォーム

オライリーはフォーチュン100のうち60社以上から信頼されています。オライリー学習プラットフォームには、6万冊以上の書籍と3万時間以上の動画が用意されています。さらに、業界エキスパートによるライブイベント、インタラクティブなシナリオとサンドボックスを使った実践的な学習、公式認定試験対策資料など、多様なコンテンツを提供しています。

https://www.oreilly.co.jp/online-learning/

また以下のページでは、オライリー学習プラットフォームに関するよくある質問とその回答を紹介しています。

https://www.oreilly.co.jp/online-learning/learning-platform-faq.html

連絡先

本書に関するコメントや質問については下記にお送りください。

株式会社オライリー・ジャパン
電子メール japan@oreilly.co.jp

本書には、正誤表、サンプルコード、追加情報を掲載したウェブページが用意されています。

https://oreil.ly/learning-modern-linux （原書）
https://www.oreilly.co.jp/books/9784814400218/ （日本語）

本書についてのコメントや、技術的な質問については、bookquestions@oreilly.com にメールを送信してください。

本、コース、カンファレンス、ニュースの詳細については、当社のウェブサイト（https://www.oreilly.com）を参照してください。

そのほかにもさまざまなコンテンツが用意されています。

LinkedIn

https://linkedin.com/company/oreilly-media

Twitter

https://twitter.com/oreillymedia

YouTube

https://www.youtube.com/oreillymedia

謝辞

まず、素晴らしいレビューアたちに感謝します。Chris Negus、John Bonesio、Pawel Krupaのフィードバックがなければ、この本の良さや有用性は半減していたでしょう。

両親に感謝します。私の教育環境を整え、今日の私と私の仕事の基礎を築いてくれました。姉のモニカにも大きな感謝を捧げます。そもそも私がこの業界に進むきっかけを与えてくれたのは彼女です。

とても素晴らしくて、私を支えてくれた子供たち、Saphira、Ranya、Iannis、賢くて楽しい妻Anneliese、最高の犬Snoopy、新しい家族の猫Charlieにも、深く感謝します。

私のUnixとLinuxの旅の中では、本当に多くの人から考え方の影響を受け、多くのことを学びました。Jérôme Petazzoni、Jessie Frazelle、Brendan Gregg、Justin Garrison、Michael Kerrisk、Douglas McIlroyだけでなく、多くの人とともに仕事をし、交流することができました。

最後に、O'Reillyチーム、特に私の企画担当編集者のJeff Bleielに感謝します。執筆の過程で私を助け、導いてくれました。

目　次

1章
Linux の入門

Linuxはモバイル機器からクラウドまで、最も広く利用されているオペレーティングシステム（OS）です。

OSという概念に馴染みのない方もいるかもしれません。あるいは、Microsoft WindowsのようなOSをあまり深く考えずに使っているかもしれません。あるいは、Linuxが初めてかもしれません。頭の中を整理して、正しく理解してもらうために、この章ではOSとLinuxの概要を説明します。

まずは『入門 モダンLinux』のモダンについて説明します。次に、過去30年間の主な出来事や側面から、Linuxの背景を確認します。さらにこの章では、一般的なOSの役割と、そしてLinuxがどのようにその役割を果たすのかについて説明します。また、Linuxのディストリビューションとは何か、リソースの可視性とは何かについても簡単に説明します。

もしOSやLinuxの初心者であれば、この章から読むことをお勧めします。Linuxの経験が豊富な方は、「1.6　Linuxの全体像」で、機能と章との対応が確認できますので、興味のある章から読み進めるのもよいでしょう。

しかし、技術的な話に入る前に、まず「モダンLinux」という言葉の意味について焦点を当てます。これは意外にも重要です。

1.1　モダンな環境とは何か？

本書のタイトルであるモダンとは、クラウドコンピューティングからRaspberry Piまであらゆるものを指します。さらに、最近のDockerの台頭とそれに関連するインフラストラクチャの革新は、開発者の状況を劇的に変化させました。

ここでは、このようなモダンな分野と、その中でLinuxが果たす重要な役割について詳しく見ていきます。

モバイル機器

私が「携帯電話」という言葉を使うと、子供たちは「何に対する携帯なの？」と言う。彼らにとっての電話は携帯電話だけなので、「固定電話」に対しての「携帯電話」であることを知らないのだ。誰に聞くかによるが、最近では多くの携帯電話やタブレット機器の80％にはAndroid（Googleが開発したLinuxベースのOS、https://www.androidauthority.com/android-linux-784964/）が搭載されている。これらのデバイスは私たちの日常生活に密着するため、消費電力や高品質が求められる。Androidアプ

リの開発に興味があれば、Android開発者向けサイト（https://developer.android.com/）で詳細が読める。

クラウドコンピューティング

クラウドでも、モバイル分野やマイクロ分野と同様の広がりが見られる。ARMベースのAWS Graviton（https://aws.amazon.com/jp/ec2/graviton/）のような、高性能でかつセキュアであり省電力のCPUアーキテクチャが現れ、そこでオープンソースソフトウェアが大きな役割を担っている。

Internet of（Smart）Things

センサーからドローンまで、Internet of Things（IoT）関連のプロジェクトや製品をたくさん目にしてきたと思う。また、スマート家電やスマートカーにすでに触れている方も多いと思う。この分野では、消費電力の要件がモバイル機器よりもさらに厳しくなっている。さらに、常時稼働しているわけではなく、例えば1日に1回だけ起動し、データを送信することもある。もう1つの重要な点はリアルタイム性（https://developer.toradex.com/linux-bsp/real-time/real-time-linux/）だ。IoT分野でLinuxを始めることに興味がある場合は、AWS IoT EduKit（https://oreil.ly/3x0uf）が参考になる。

プロセッサアーキテクチャの多様性

過去30年で、IntelはCPUのトップメーカーとして、マイクロコンピュータやパーソナルコンピュータの分野を席巻してきた。Intelのx86アーキテクチャは絶対的な地位を築いた。IBMがとったオープンなアプローチ（仕様を公開し、他社が互換機を提供できるようにする）は支持され、少なくとも当初は、Intelのチップを使ったx86クローンも登場した。

デスクトップやラップトップでは今でもx86が広く使われているが、モバイル機器の台頭により、ARMアーキテクチャ（https://oreil.ly/sioDd）や最近ではRISC-V（https://riscv.org/technical/specifications/）の普及が進みつつある。同時に、GoやRustのような複数のCPUアーキテクチャをサポートするプログラミング言語やツールも普及しつつあり、間違いなく嵐が巻き起こっている。

これらの分野はすべて、モダンな環境と考えるものの例です。そして、すべてではないにしろ、ほとんどが何らかの形でLinuxが動作しているか、Linuxを使っています。

さて、今日の（ハードウェア）システムについて知ったところで、どのようにしてLinuxが誕生し、どのようにここまで進化したのかを振り返ります。

1.2　これまでのLinuxの歴史

Linuxは2021年に生誕30周年（https://oreil.ly/fkMyT）を迎えました。数十億人のユーザと数千人の開発者を抱えるLinuxプロジェクトは、間違いなく世界的な（オープンソースの）成功事例です。これはどのように始まり、どのようにここまで来たのでしょうか？

1990年代

1991年8月25日にリーナス・トーバルズがニュースグループcomp.os.minixに送った電子メールが、公的な記録上ではLinuxプロジェクトの誕生とみなしてよいだろう。最初は趣味であったこのプロジェクトが、コードの行数も、採用においても、軌道に乗った。例えば、3年足らずでLinux 1.0.0がリリースされ、176,000行を超えた。その時点で、ほとんどのUnix/GNUソフトウェアを実行できるという当初の目標は、十分に達成されていた。また、1990年代には、Red Hat Linuxが初の商用Linuxとして提

供された。

2000 年から 2010 年

10代になったLinuxは、機能やサポートするハードウェアが成熟してきただけでなく、UNIXを超えて成長していた。この時期には、Google、Amazon、IBMなどによる採用など、大手企業によるLinuxの商用利用が爆発的に増え続けていたことを目の当たりにした。distro wars（ディストロ戦争、https://oreil.ly/l6X4Q）のピークでもあり、結果として企業の方向転換が進んだ。

2010 年代から現在

Linuxはデータセンターやクラウド、そしてあらゆる種類のIoTデバイスや電話の主力としてその地位を確立した。ある意味で、ディストロ戦争は終わったと考えることができ（現在、ほとんどの商用システムはRed HatかDebianベース）、またコンテナの台頭（2014年以降）がこの発展を担っていると言えるだろう。

この歴史的な経緯の把握は、本書の範囲を理解するために必要なものです。次に基本的な疑問で、なぜLinuxやOSが必要なのかを説明します。

1.3　なぜオペレーティングシステムなのか？

OSが入手できない、あるいは何らかの理由で利用できない場合を想定してみましょう。そうすると、ほとんどすべてのことを自分でやることになります。メモリ管理、割り込み処理、I/Oデバイスとのやり取り、ファイルの管理、ネットワークスタックの設定と管理など、数え上げればきりがないほどです。

技術的に言えば、OSは必須ではありません。世の中には、OSを搭載していないシステムもあります。たいていはメモリ使用量が小さい組み込みシステムです。例えばIoTビーコンのようなシステムでは、1つのアプリケーション以外に何も管理する必要はありません。またRustを使えば、コアライブラリと標準ライブラリだけで、bare metal（ベアメタル、https://oreil.ly/zW4j7）上でどんなアプリも実行できます。

OSは、これらの処理をすべて引き受け、ハードウェアコンポーネントを抽象化し、API（アプリケーションインタフェース）を提供します。例えば、「**2章　Linuxカーネル**」で詳しく見ていくLinuxカーネルがそうです。通常はOSが提供するこれらのAPIを**システムコール**（systemcall）、または略して**シスコール**（**syscall**）と呼びます。Go、Rust、Python、Javaなどの高水準プログラミング言語は、これらのシステムコールの上に構築されています。システムコールは直接呼び出すのではなくライブラリを介してアクセスするだけのこともあります。

これにより、リソースを自分で管理する必要がなくなり、ビジネスロジックに集中できます。また、アプリを動作させるハードウェアの違いにも対応できます。

システムコールの例として、現在のユーザのIDを表示するgetuid(2)（https://www.man7.org/linux/man-pages/man2/getuid.2.html）を見てみましょう。

```
...
getuid() returns the real user ID of the calling process.
```
getuid() を呼んだプロセスの実ユーザ ID を返す
```
...
```

このgetuidシステムコールはライブラリやプログラムで使用します。Linuxのシステムコールについては「**2.3.6　システムコール**」で詳しく説明します。

getuid(2)の(2)はmanユーティリティ（man(1) (https://man7.org/linux/man-pages/man1/man.1.html) 参照）が使っている用語で、manで割り当てられたコマンドのセクションを示すものです。これはUnixの名残りの1つで、1979年の*Unix Programmer's Manual*, seventh edition, volume 1 (https://oreil.ly/ DgDrF) にその起源が説明されています。

コマンドライン（シェル）では、idコマンドで実ユーザIDを表示します。これは内部でgetuidシステムコールを実行しています。

```
$ id --user
638114
```

さて、なぜOSを使うことが、多くの場合において意味を持つのか、その基本的な考え方を理解してもらえたと思いますので、Linuxディストリビューションのトピックに移ります。

1.4　Linuxディストリビューション

「Linux」とだけ聞くと、何を意味しているのかあいまいな場合があります。本書では、システムコールとデバイスドライバの集合を意味する場合は「Linuxカーネル」、あるいは単に「カーネル」と呼ぶことにします。Linuxディストリビューション（https://oreil.ly/U9luq、略して**ディストロ**）と呼ぶときは、カーネルとパッケージ管理、事前に選択されたファイルシステムのレイアウト、initシステム、シェルなどの関連コンポーネントをまとめたものを指します。

もちろん、ディストリビューションを使わずに自分で構成することもできます。カーネルをダウンロードしてコンパイルし、パッケージマネージャを選択するなどして、自分自身のディストリビューションを作る（あるいは**ロール**する）ことができます。そして、多くの人が最初は自分で作業を行っていましたが、次第にこのパッケージング（とセキュリティパッチの適用）を企業あるいは商用製品に任せて、すでに完成されたLinuxディストリビューションを使うことが一般的となりました。

何でも自分でやってみたい方や、ビジネス上の制約からオリジナルのディストリビューションの作成を検討している場合は、Arch Linux (https://archlinux.org/) をお勧めします。カスタマイズしたLinuxディストリビューションを作成することができます。

昔からあるディストリビューション（Ubuntu、Red Hat Enterprise Linux（RHEL）、CentOSなどについて「**6章　アプリケーション、パッケージ管理、コンテナ**」で説明しています）やモダンなディストリビューション（BottlerocketやFlatcarなど。詳しくは「**9章　高度なトピック**」参照）を含むディストリビューションの全体像を把握したければ、DistroWatch (https://distrowatch.com/) が参考になります。

それでは次にリソースの可視性、分離について考えてみます。

1.5　リソースの可視性

　Linuxでは、UNIXの良いところを受け継ぎ、デフォルトではすべてのプロセスにシステムの全リソースが見えるようにしています。この「システムの全リソースが見えるように」とはどのような意味なのでしょうか？そして、この場合のリソースとは何でしょうか？

そもそも、なぜここでリソースの可視性の話をするのでしょうか。主な理由は、このトピックについての知識を高め、モダンなLinuxにおける重要なテーマの1つであるコンテナについて正しい認識を持つようにするためです。ここで完璧に理解する必要はありません。本書では、特に**「6章　アプリケーション、パッケージ管理、コンテナ」**の中で、コンテナとその構成要素についてより詳しく説明します。その中で再びこのトピックに触れます。

　UNIX、またはLinuxでは「すべてがファイルである」という言葉を聞いたことがあるかもしれません。本書では、リソースとはソフトウェア実行の支援のために使用できるすべてのものとします。これには、ハードウェアとそれを抽象化したもの（CPUやRAM、ファイルなど）、ファイルシステム、ハードディスクドライブ、ソリッドステートドライブ（SSD）、プロセス、ネットワークデバイスやルーティングテーブルなどのネットワーク関連のもの、ユーザを表すクレデンシャル（例えばユーザ名やパスワード）などが含まれます。

Linuxのすべてのリソースがファイルや、ファイルインタフェースで表現されるものばかりではありません。その一方で、世の中にはPlan 9（https://9p.io/plan9/）のような、「すべてがファイルである」という考え方をさらに進化させたシステムもあります。

　Linuxのリソースの具体例を見てみます。まず、グローバル（ホストOS）のプロパティ（Linuxのバージョン）を確認し、次に使用中のCPU情報を確認します（出力の一部省略）。

```
$ cat /proc/version ❶
Linux version 5.4.0-81-generic (buildd@lgw01-amd64-051)
(gcc version 7.5.0 (Ubuntu 7.5.0-3ubuntu1~18.04))
#91~18.04.1-Ubuntu SMP Fri Jul 23 13:36:29 UTC 2021

$ cat /proc/cpuinfo | grep "model name" ❷
model name      : Intel Core Processor (Haswell, no TSX, IBRS)
model name      : Intel Core Processor (Haswell, no TSX, IBRS)
model name      : Intel Core Processor (Haswell, no TSX, IBRS)
model name      : Intel Core Processor (Haswell, no TSX, IBRS)
```

❶ Linuxのバージョンを出力
❷ CPU情報をモデル名で絞り込んで出力

　先ほどのコマンド結果の出力で、このシステムが4つのIntel Core i7（Haswell）で動作していることがわかります。別のユーザでログインしたとき、同じ数のCPUが表示されるのでしょうか？

　別のタイプのリソースであるファイルについて考えてみましょう。例えば、ユーザtroyが/tmp/myfile

配下に権限（「**4.3　パーミッション**」を参照）を与えてファイルを作成した場合、別のユーザworfはその
ファイルを見たり、書き込んだりできるでしょうか？

　あるいは、プロセス、つまりCPUやメモリなど実行に必要なリソースをすべて持っているメモリ上の
プログラムの場合を考えてみましょう。Linuxではプロセスを**プロセスID**、略して**PID**で識別しています
（「**2.3.1　プロセス管理**」）。

```
$ cat /proc/$$/status | head -n6 ❶
Name:   bash
Umask:  0002
State:  S (sleeping)
Tgid:   2056
Ngid:   0
Pid:    2056
```

❶ 自プロセスの状態、つまり現在のプロセスの詳細を出力し、最初の6行のみを表示するようにして
　いる。

$$ とは？

　$$はどういう意味だろうと思われたかもしれません。これは、現在のプロセスを参照する特別な変
数です（詳細については「**3.1.2.2　変数**」を参照してください）。シェル上で$$は、コマンドを入力
したシェル（bashなど）のプロセスIDに置き換わります。

　Linuxでは同じPIDを持つ複数のプロセスが存在できるのでしょうか？間の抜けた、役に立たない疑問
に聞こえるかもしれませんが、これはコンテナの基礎となる考え方です（「**6.6　コンテナ**」参照）。実
は、「namespace」と呼ばれる異なる仕組みで、同じPIDを持つ複数のプロセスが存在できます（「**6.6.1
namespace**」を参照）。これは例えば、DockerやKubernetesでアプリを実行しているような、コンテナ
化された環境で起こりえます。

　それぞれ別々のnamespaceに所属するPID 1を持つプロセスは、自分自身が特別な存在だと認識している
ことでしょう。伝統的な1台のPCに1つのOSをインストールするような環境では、ユーザ空間のプロセス
ツリーのルートとして予約されているPID 1は特別なものです（詳しくは「**6.2　Linuxの起動プロセス**」
を参照）。

　上記のプロセスの例のように、あるリソースにはグローバルな見え方と、ローカルな見え方があります。
リソースがファイルだとすると、グローバルな見え方であれば、2人のユーザが同じパスの同じファイルを
参照する状況はありえます。Linuxではデフォルトでシステムの全リソースが見えているのでしょうか？結
論から言うとそうではありません。より詳しく見てみましょう。

　複数のユーザやプロセスが並列に動作していると、それぞれには全体のうちの一部リソースだけ見せると
いうことができます。Linuxでは、namespace（「**6.6.1　namespace**」を参照）を介して個々のユーザや
プロセスに見せるリソースを制限できます（それぞれのリソースがnamespaceをサポートしている必要はあ
ります）。

　ここで取り上げたいものは、リソースの見え方の他にリソースの分離があります。例えば、プロセスの
分離を考えたときに、あるプロセスのメモリ消費が他のプロセスに影響しないように、メモリ使用量を制

限するというものがあります。あるアプリに1 GBのRAMを割り当てるとします。それ以上使うと、out-of-memory killer（OOMKiller、https://oreil.ly/kvk1u）により強制終了されます。これによって、一定水準のメモリ領域の保護が可能です。Linuxではこのようなリソースの分離にcgroupというカーネルの機能を使います。「6.6.2　cgroup」でより詳しく説明します。

　一方、完全にリソースが分離された環境は、アプリが完全に独立しているように見えます。例えば、仮想マシン（「9.2　仮想マシン」を参照）を使うとシステム内の他の処理とリソースを完全に分離することができます。

1.6　Linuxの全体像

　この図1-1では、Linuxオペレーティングシステムの概要を、本書の章に対応させて説明します。

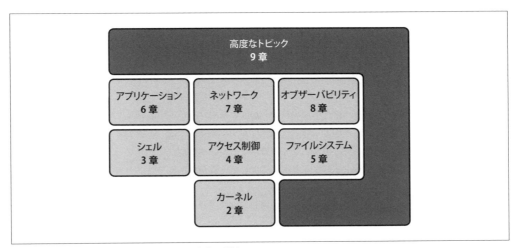

図1-1　Linuxオペレーティングシステムと章との対応

　どんなLinuxディストリビューションでも、その中核にはカーネルがあり、他のすべてのソフトウェアが利用するAPIを提供します。ファイルシステム、ネットワーク、オブザーバビリティ（可観測性）の3つはどんな分野でも必要となりますし、カーネルの中でも基礎と考えることができます。本書を読んで、シェルやアクセス制御などについて学ぶことによって、アプリがファイルをどこに出力するのかわかったり、ファイルに読み出し権限のないことがアプリのクラッシュの原因であることを突き止めたりできるようになります。

　仮想マシンからモダンなディストリビューションまで、興味深いトピックを「9章　高度なトピック」に集めました。これらのトピックを「高度」と呼ぶのは、それらの知識は誰にとっても必須なわけではないと考えるからです。つまり、それらを学ばずともすぐに困るわけではないためです。しかし本当にモダンLinuxが提供するものを理解して、利用するなら、「9章　高度なトピック」を読むことを強くお勧めします。もちろん、本書の残りの部分、つまり「2章　Linuxカーネル」から「8章　オブザーバビリティ（可観測性）」までは、必須の章と考えています。

POSIX

本書では、「POSIX」（Portable Operating System Interface の略）という言葉がときどき登場します。正式には、POSIX は UNIX 系 OS のサービスインタフェースを定義する IEEE 規格です。この規格は、異なる実装間の移植性を提供します。そのため「POSIX 準拠」などと書かれている場合、ソフトウェアの調達では特に重要ですが、日常的な使用ではそれほど重要ではありません。形式的なものと考えてください。

Linux は POSIX、および UNIX System V Interface Definition（SVID）におおよそ準拠するように作られています。これは、BSD（Berkeley Software Distribution）スタイルのシステムとは対照的に、昔の AT&T UNIX システムのようになっています。

POSIX については、「POSIX Abstractions in Modern Operating Systems: The Old, the New, and the Missing」（http://nsl.cs.columbia.edu/papers/2016/posix.eurosys16.pdf）を参照してください。POSIX の導入と課題に関する紹介などが提供されています。

1.7　まとめ

本書で「モダン」と呼ぶ場合、電話、（パブリッククラウドプロバイダの）データセンター、Raspberry Pi のような組み込みシステムなど、モダンな環境で Linux を使用することを意味します。

この章では、Linux の背景を共有しました。一般的な OS の役割として、基盤となるハードウェアを抽象化し、プロセス、メモリ、ファイル、ネットワーク管理などの基本機能をアプリケーションに提供することを挙げました。そしてそれらを Linux がどのように実現しているかを、特にリソースの可視性について説明しました。

以下の書籍は、この章で説明した概念をより深く掘り下げるだけでなく、理解の速度を上げることができます。

O'Reilly の書籍

- Carla Schroder、*Linux Cookbook*, 2nd Edition（https://oreil.ly/4Y90O、O'Reilly、2021）、第 1 版の邦題は『Linux クックブック』（オライリー・ジャパン、2005）
- Daniel P. Bovet and Marco Cesati、*Understanding the Linux Kernel*（https://oreil.ly/aJYyj、O'Reilly、2005）、邦題『詳解 Linux カーネル第 3 版』（オライリー・ジャパン、2007）
- Daniel J. Barrett、*Efficient Linux at the Command Line*（https://oreil.ly/nWCch）
- Robert Love、*Linux System Programming*（https://oreil.ly/fh85i、O'Reilly、2007）、邦題『Linux システムプログラミング』オライリー・ジャパン、2008）

その他の参考資料

- 「Advanced Programming in the UNIX Environment」（https://stevens.netmeister.org/631/）：入門教材と実習を提供する完全な学習コース。
- 「The Birth of UNIX」（https://corecursive.com/brian-kernighan-unix-bell-labs1/）：Brian Kernighan による、Linux の遺産について学ぶのに優れた資料であり、UNIX の多くの概念を提供する。

それでは早速、モダン Linux の核心であるカーネルから始めましょう。

2章
Linuxカーネル

「**1.3　なぜオペレーティングシステムなのか？**」では、OSの主な機能は、さまざまなハードウェアを抽象化してAPIを提供することだと説明しました。このAPIを使ってプログラミングすることで、アプリケーションがどのようなハードウェア上で物理的にどのように実行されるかを気にせずに済みます。簡単に言うと、カーネルはこのようなAPIをプログラムに提供しているのです。

　この章では、Linuxカーネルとは何か、カーネル全体とその構成要素についての考え方を説明します。Linuxアーキテクチャの全体と、Linuxカーネルが果たす本質的な役割について学びます。この章では、カーネルがすべてのコア機能を提供する一方で、それ自体はOSではなく、その中心部分に過ぎないということを説明します。

　まず、カーネルがどのように下層のハードウェアとやり取りするかを確認します。次に、CPUについて、異なるCPUアーキテクチャとそれらがどのようにカーネルに関係するかを説明します。その次に、カーネル内の個々のコンポーネントに注目し、カーネルが実行可能なプログラムに対して提供するAPIについて説明します。最後に、Linuxカーネルをカスタマイズする方法について見ていきます。

　この章の目的は、必要な用語を理解し、プログラムとカーネルとの間のインタフェースを認識してもらい、その役割における基本を理解してもらうことです。カーネル開発者や、カーネルを設定しコンパイルするシステム管理者に向けたものではありませんが、この章の最後にいくつかのリンクをまとめました。

　それでは、Linuxアーキテクチャとカーネルの中心的な役割について説明します。

2.1　Linuxアーキテクチャ

Linuxアーキテクチャの概略を**図2-1**に3つの階層に分けて示します。

ハードウェア

　CPUやメインメモリから、ディスクドライブ、ネットワークインタフェース、キーボードやモニタなどの周辺機器も含む。

カーネル

　この章の残りの部分で説明する。カーネル空間とユーザ空間の間には、initやシステムサービス（ネットワークなど）のような、厳密にはカーネルの一部ではないコンポーネントが多数存在するということ

に触れておく。

ユーザ空間

シェルなどのOSコンポーネント（「**3章　シェルとスクリプト**」で説明）、psやsshなどのユーティリティ、デスクトップにおけるX Window Systemなどのグラフィカルユーザインタフェース（GUI）を含む多くのアプリケーションが動作している場所。

本書では**図2-1**の上の2層、つまりカーネルとユーザ空間に焦点を当てます。ハードウェア層については、必要最小限のものにしか触れません。

異なる層とのインタフェースは定義されており、Linuxの一部となっています。カーネルとユーザ空間の間には、**システムコール**（略して**シスコール**）と呼ばれるインタフェースがあります。これについては「**2.3.6　システムコール**」で詳しく説明します。

ハードウェアとカーネルの間のインタフェースは、システムコールとは異なり、ハードウェアごとに異なります。通常はハードウェアの種類ごとにグループ化されています。

1. CPUインタフェース（「**2.2　CPUアーキテクチャ**」を参照）
2. メインメモリとのインタフェース（「**2.3.2　メモリ管理**」を参照）
3. ネットワークインタフェースとドライバ（有線と無線を含め「**2.3.3　ネットワーク**」を参照）
4. ファイルシステムとブロックデバイスのドライバインタフェース（「**2.3.4　ファイルシステム**」を参照）
5. キーボード、ターミナル、その他のI/Oなど入力デバイスにおけるキャラクタデバイス、ハードウェア割り込み、デバイスドライバ（「**2.3.5　デバイスドライバ**」を参照）

このように、シェルやgrep、find、pingなどのユーティリティは、普段Linuxシステムの一部と考えているものの多くは、実際にはカーネルの一部ではなく、ダウンロードしたアプリと同じように、ユーザ空間の一部です。

ユーザ空間のトピックとして、ユーザモードとカーネルモードの比較についてよく見聞きします。例えばカーネルモードにおいてはハードウェアに特権的にアクセスできます。ユーザモードからはデバイスファイルなどを介して制限されたアクセスができます。

一般に、**カーネルモード**は数少ない抽象化で高速な実行を意味し、**ユーザモード**は比較的低速ですが安全で便利な抽象化を意味しています。アプリはすべてユーザ空間で実行されるので、カーネル開発者でない限り、カーネルモードはさほど気にしなくてもかまいません（https://www.kernel.org/doc/html/v4.10/process/howto.html）。一方、アプリがカーネルとどのように相互作用するかは理解しているだけで大きく違います（「**2.3.6　システムコール**」を参照）。

Linuxアーキテクチャの概要はここまでにして、ハードウェアから順に見ていきましょう。

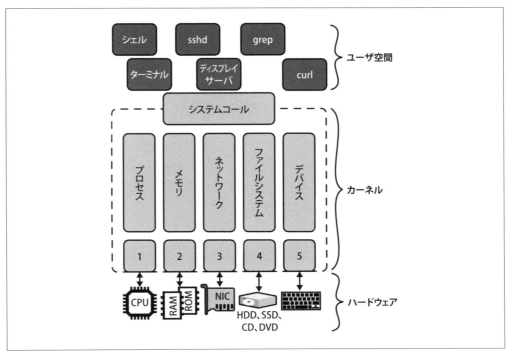

図2-1 Linuxアーキテクチャの概略

2.2 CPUアーキテクチャ

　カーネルのコンポーネントについて述べる前に、基本概念を確認しておきます。コンピュータアーキテクチャまたはCPUファミリは同じ意味で使われます。Linuxが多くのCPUアーキテクチャ上で動作することは、間違いなくLinuxが支持される理由の1つです。

　Linuxカーネルには、汎用的なコードやドライバに加えて、アーキテクチャに特化したコードが含まれています。この分離により、Linuxの移植が容易となり、新しいハードウェアに素早く対応ができます。

　Linuxがどのコードで動作しているか把握する方法は何通りもあります。いくつか順番に見ていきましょう。

BIOS と UEFI

　UNIXやLinuxは、起動にBIOS（Basic I/O System）を使っていました。Linuxラップトップの電源を入れるとき、ラップトップは完全にハードウェアで制御されています。まず最初に、ハードウェアはBIOSの一部であるPOST（Power On Self Test）を実行するようになっています。POSTはハードウェア（RAMなど）が指定通りに機能するかを確認します。仕組みの詳細については「**6.2　Linux の起動プロセス**」で説明します。

> モダンな環境では、BIOSはUEFIに置き換わっています。UEFI（Unified Extensible Firmware Interface、https://oreil.ly/JBwSm）は、OSとプラットフォームファームウェア間のソフトウェアインタフェースを定義した公開仕様です。ドキュメントや記事で「BIOS」という言葉がまだ使われていることがありますが、環境によっては「UEFI」に置き換えてください。

BIOSからハードウェアの情報を取得するには、dmidecodeというコマンドを使います。コマンドがなかったり、出力が得られない場合は、lscpuコマンドを使います（出力は一部省略）。

```
$ lscpu
Architecture:          x86_64 ❶
CPU op-mode(s):        32-bit, 64-bit
Byte Order:            Little Endian
Address sizes:         40 bits physical, 48 bits virtual
CPU(s):                4 ❷
On-line CPU(s) list:   0-3
Thread(s) per core:    1
Core(s) per socket:    4
Socket(s):             1
NUMA node(s):          1
Vendor ID:             GenuineIntel
CPU family:            6
Model:                 60
Model name:            Intel Core Processor (Haswell, no TSX, IBRS) ❸
Stepping:              1
CPU MHz:               2592.094
...
```

❶ このCPUのアーキテクチャはx86_64。

❷ CPUは4つ。

❸ CPUのモデル名は、Intel Core Processor（Haswell）。

先ほどのコマンドでは、CPUアーキテクチャがx86_64、モデルが「Intel Core Processor（Haswell）」と確認できました。これらについては後ほど詳しく説明します。

上記のようなCPUについての情報を得るには、直接cat /proc/cpuinfoコマンドの出力を確認する方法もあります。CPUアーキテクチャを知りたいだけであれば単にuname -mを実行してください。

さて、Linuxのアーキテクチャ情報の確認方法がわかりましたので、これから詳細を見ていきましょう。

2.2.1 x86アーキテクチャ

x86（https://oreil.ly/PoQOT）はもともとIntelが開発した命令セットファミリで、後にAMD（Advanced Micro Devices）にライセンス供与されました。カーネル内ではx64またはx86_64はIntel 64-bitプロセッサを指し、x86はIntel 32-bitを表します。さらに、amd64はAMDの64ビットプロセッサを指します。

現在、x86 CPUファミリはデスクトップやラップトップで多く見かけますが、サーバでも広く利用されており、パブリッククラウドの基礎を形成しています。x86は広く利用されているアーキテクチャですが、

エネルギー効率はあまりよくありません。アウトオブオーダ実行に大きく依存していることもあり、最近では Meltdown（メルトダウン、https://meltdownattack.com/）などのセキュリティ問題で注目されていました。

Linux/x86ブートプロトコルやIntelおよびAMD特有の背景については、x86-specific kernel documentation（https://www.kernel.org/doc/html/latest/x86/index.html）を参照してください。

2.2.2 ARMアーキテクチャ

30年以上の歴史を持つARM（https://en.wikipedia.org/wiki/ARM_architecture_family）は、RISC（Reduced Instruction Set Computing）アーキテクチャの一種です。RISCは通常、多くの汎用CPUレジスタと、より高速に実行できる小さな命令セットで構成されています。

ARMを開発したAcorn社の設計者は、当初から消費電力を最小限に抑えることに重点を置いていたため、iPhoneなどの多くの携帯機器にARMベースのチップが搭載されています。また、ほとんどのAndroidベースの携帯電話や、Raspberry PiのようなIoTの組み込みシステムにも搭載されています。

高速で安価、そしてx86チップよりも発熱が少ないことから、データセンターでAWS Graviton（https://aws.amazon.com/ec2/graviton/）のようなARMベースのCPUの採用が増えてきています。ARMはx86よりもシンプルですが、Spectre（スペクター、https://meltdownattack.com/）のような脆弱性があります。詳細は、ARM-specific kernel documentation（https://www.kernel.org/doc/html/latest/arm/index.html）を参照してください。

2.2.3 RISC-Vアーキテクチャ

新鋭のRISC-V（「リスクファイブ」と発音、https://en.wikipedia.org/wiki/RISC-V）は、もともとカリフォルニア大学バークレー校が開発したオープンRISC規格です。2021年現在、Alibaba GroupやNvidiaからSiFiveのようなスタートアップまで、多くの実装が存在します。魅力的ではありますが、比較的新しく、広く普及していません。どのようなものか少し調べてみる場合は、Shae Erisson の記事「Linux on RISC-V」（https://shapr.github.io/posts/2019-06-08-riscv-linux.html）が参考になります。

詳細はRISC-Vカーネルドキュメント（https://www.kernel.org/doc/html/latest/riscv/index.html）を参照してください。

2.3 カーネルコンポーネント

CPUアーキテクチャの基本を説明したところで、いよいよカーネルに移ります。Linuxカーネルはモノリシックなものです。つまり、ここで説明するすべてのコンポーネントは単一のバイナリに含まれていますが、コードベースでは機能領域があり、責任範囲も明確にできます。

「2.1 Linuxアーキテクチャ」で説明したように、カーネルはハードウェアとアプリケーションの間に位置します。カーネルにある主なコンポーネントは次の通りです。

- プロセス管理：実行ファイルに基づくプロセスの起動など
- メモリ管理：プロセスのメモリ割り当てや、ファイルをメモリにマップすることなど
- ネットワーク：ネットワークインタフェースの管理、ネットワークスタックの提供など

- ファイルシステム：ファイル管理、ファイルの作成と削除など
- デバイスドライバ：デバイスの管理

これらの機能は相互に依存していることが多く、カーネル開発者のモットー（https://yarchive.net/comp/linux/gcc_vs_kernel_stability.html）にある「カーネルはユーザ空間を破壊しない（Kernel never breaks user land）」を実践するのは非常に大変です。

それでは、カーネルの構成要素について詳しく説明します。

2.3.1 プロセス管理

カーネルにはプロセスを管理するための機能がたくさんあります。割り込みなどCPUアーキテクチャに固有のものもあれば、プログラムの起動やスケジューリングに特化したものもあります。

一般的にプロセスとは実行プログラム（バイナリ）に対応します。一方、スレッドとはプロセス内のコードを実行する単位です。プロセス内の複数のスレッドが存在するマルチスレッドプログラムの場合は、複数のスレッドが複数のCPU上で並列実行される可能性があります。

それではLinuxがどのようにプロセス管理を実現するか説明します。Linuxには次のようなさまざまな概念があります。

セッション

複数のプロセスグループを含み、高度なユーザ向けユニットを構成する。tty（制御ターミナル）を持つことがある。ttyはセッション内の全プロセスが共有する。カーネルはセッションを**セッションID**（SID）と呼ばれる番号で識別する。

プロセスグループ

複数のプロセスを含む。1つのセッションには1つ以上のプロセスグループが存在する。そのうちの1つがフォアグラウンドプロセスグループ。カーネルは個々のプロセスグループを**プロセスグループID**（PGID）と呼ばれる番号で識別する[1]。

プロセス

プログラムの実行に必要なリソース（スレッドや後述するアドレス空間、ソケットなど）をグループ化したもので、カーネルにより現在のプロセス情報は/proc/selfで提供される。カーネルは**プロセスID**（PID）と呼ばれる番号でプロセスを識別する。

スレッド

カーネル内部ではプロセスとして実装されている。つまり、カーネル内にスレッドを表す専用のデータ構造は存在しない。カーネルから見るとスレッドは、他のプロセスと特定のリソース（メモリやシグナルハンドラなど）を共有するプロセスである。

※1　訳注：credentials(7)（https://man7.org/linux/man-pages/man7/credentials.7.html）にもあるように、セッションとプロセスグループは、もともとbashなどシェルのジョブ制御を実装するために考案されたものです。

タスク

カーネルには task_struct（sched.h（https://oreil.ly/nIgz8）で定義）というデータ構造があり、プロセスやスレッドを同じように実装するための基礎となっている。このデータ構造は、スケジューリング関連の情報、識別子（PIDなど）、シグナルハンドラのほか、パフォーマンス（nice値やCPU使用時間など）やセキュリティに関連する情報などを保持している。これらはすべて task_struct 構造体に保存されているが、task_struct はあくまでカーネル内部のデータであり、すべてをユーザ空間には提供していない（task_struct 内の一部のデータは /proc/self などで提供される）。

セッション、プロセスグループ、プロセスを実際に確認して、「**6章　アプリケーション、パッケージ管理、コンテナ**」でどのように管理されているのかを説明します。また、「**9章　高度なトピック**」のコンテナの説明でも再び扱います。

では、これらの概念を実際に説明します。

```
$ ps -j
PID    PGID   SID   TTY     TIME CMD
6756   6756   6756  pts/0   00:00:00 bash ❶
6790   6790   6756  pts/0   00:00:00 ps ❷
```

❶ bash シェルプロセスの PID、PGID、SID は 6756。ls -al /proc/6756/task/6756/ を実行すると、さらに詳しいタスクの情報を得ることができる。

❷ ps プロセスは PID/PGID は 6790 で、SID はシェルと同じ。

Linux では、タスクのデータ構造にはスケジューリングに関連する情報が含まれています。図2-2 に示すように、ある時点でプロセスは、作成、実行待機、待ち状態、実行中、終了のいずれかの状態にあります。

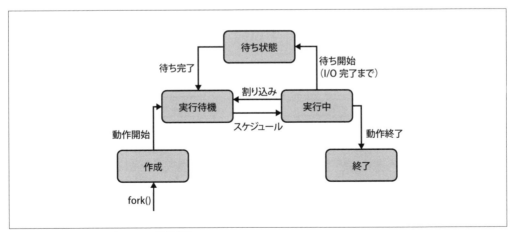

図2-2　Linux におけるプロセスの状態遷移

厳密には、プロセスの状態はもう少し複雑です。例えば、Linuxでは割り込み可能なスリーブ（psコマンドのS状態）と割り込み不可能なスリーブ（psコマンドのD状態）を区別していますし、ゾンビ状態（親プロセスを失っている状態、psコマンドのZ状態）もあります。詳しくは「Process States in Linux」（https://kerneltalks.com/linux/process-states-in-linux/）の記事を参照してください。

　状態遷移はさまざまなイベントによって引き起こされます。例えば、実行中のプロセスがI/O操作（ファイルからの読み込みなど）を行い、（CPUを使って）実行を続行できない場合に待ち状態に遷移することがあります。

　ここまでプロセス管理について簡単に説明しました。次はプロセス管理に関連するメモリ管理について説明します。

2.3.2　メモリ管理

　仮想メモリはシステムに搭載されている物理メモリサイズ以上のメモリを持っているように見せる機能です。実際には、多くのプロセスがたくさんの仮想的なメモリを取得しています。物理メモリと仮想メモリの両方は、**ページ**と呼ばれる固定長のチャンク（塊）に分割されています（1ページは4KBです）。

　図2-3は、2つのプロセスの仮想アドレス空間を示し、それぞれが独自のページテーブルを持っています。これらのページテーブルは、プロセスの仮想ページをメインメモリ（別名RAM）の物理ページにマッピングします。

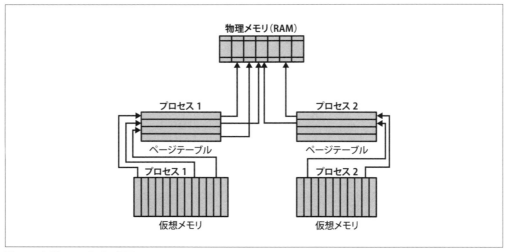

図2-3　仮想メモリ管理の概要

　複数の仮想ページが、各プロセスのページテーブルを介して、同じ物理ページを指すことができます。これはある意味、メモリ管理の核心とも言えます。各プロセスに、あたかもそのページが実際にRAM上に存在するかのような錯覚を与えつつ、有限であるメモリ空間を効率良く利用します。

訳者補

Linuxのovercommit（オーバーコミット）という仕組みにより、物理メモリサイズ以上の（見せかけの）メモリ確保だけはできます。これは動的メモリ割り当てにより、まずは仮想メモリ空間（仮想アドレス）だけ割り当て、物理メモリ領域の割り当ては実際に使用するまで遅延させているためです。オーバーコミットは`/proc/sys/vm/overcommit_memory`で設定ができます。なお、当然ながら物理メモリサイズ以上の使用はできません。

　CPUはプロセスが仮想ページにアクセスするたびに、その仮想アドレスに対応する物理アドレスに変換しなければなりません。この変換処理を高速化するために、モダンなCPUアーキテクチャでは、TLB（Translation Lookaside Buffer、https://oreil.ly/y3xy0）というチップ上の検索をサポートしています。TLBは事実上小さなキャッシュで、（検索を）ミスした場合、CPUはプロセスページテーブルを経由してページの物理アドレスを計算し、TLBを更新します。

訳者補

ミスした場合というのは仮想アドレスと物理アドレスの対応情報がキャッシュになく、物理アドレスが取得できなかったことを意味します。これをキャッシュミス、またはTLBミスと言います。逆をTLBヒットといいます。CPUのキャッシュサイズは`lscpu -C`で確認できます。

　過去のLinuxにおけるデフォルトのページサイズは4 KBでしたが、Linux 2.6.3以降は、Hugepage（https://wiki.debian.org/Hugepages）がサポートされています。モダンで大規模なアーキテクチャやワークロードをより快適にするためです。例えば、64ビットLinuxでは、1プロセスあたり最大128 TBの仮想アドレス空間（メモリアドレスの理論上のアドレス数）、合計で約64 TBの物理メモリ（マシンに搭載されているRAMの量）の使用が可能です。

訳者補

Hugepageのページサイズはアーキテクチャにより異なりますが、多くは数MBになるため、TLBミスが減少しパフォーマンス向上が期待できます。またLinuxにはTHP（Transparent Hugepage）という機能もあります。THPは、カーネルが自動でページをHugepageにする機能です。このときのページサイズは2 MBです。THPについての詳細はTransparent Hugepage Support（https://www.kernel.org/doc/html/latest/admin-guide/mm/transhuge.html）にあります。

　さて、理論的な説明はここまでにして、より実用的な観点から見てみます。例えば、RAMの空き容量などメモリ関連の情報を把握するには`/proc/meminfo`を確認します。

```
$ grep MemTotal /proc/meminfo ❶
MemTotal:       4014636 kB

$ grep VmallocTotal /proc/meminfo ❷
VmallocTotal:   34359738367 kB

$ grep Huge /proc/meminfo ❸
AnonHugePages:        0 kB
ShmemHugePages:       0 kB
FileHugePages:        0 kB
```

```
HugePages_Total:       0
HugePages_Free:        0
HugePages_Rsvd:        0
HugePages_Surp:        0
Hugepagesize:       2048 kB
Hugetlb:               0 kB
```

❶ 物理メモリ（RAM）の合計サイズを出力。ここでは4 GB。
❷ 仮想メモリの合計サイズを出力。ここでは34 TB強。
❸ Hugepage情報を出力。ページサイズは2 MB。

次はカーネル機能であるネットワークに進みます。

2.3.3　ネットワーク

ネットワークはカーネルが提供する重要な機能の1つです。ウェブを閲覧するにも、リモートのシステムにデータをコピーするにも、ネットワークを使います。

Linuxのネットワークスタックは、階層化されたアーキテクチャに従っています。

ソケット
　通信を抽象化するためのもの。

TCP（Transmission Control Protocol）とUDP（User Datagram Protocol）
　それぞれコネクション指向通信、コネクションレス通信によるデータ転送を担う。

インターネットプロトコル（IP）
　アドレスに基づいたコンピュータ（マシン）間の通信を担う。

カーネルの役割は、この3つの動作だけです。HTTPやSSHなどのアプリケーション層のプロトコルは、ユーザ空間で実装されます。

ネットワークインタフェースの情報は以下のコマンド実行で確認できます（出力は一部省略）。

```
$ ip link
1: lo: <LOOPBACK,UP,LOWER_UP> mtu 65536 qdisc noqueue state UNKNOWN mode
   DEFAULT group default qlen 1000 link/loopback 00:00:00:00:00:00
   brd 00:00:00:00:00:00
2: enp0s1: <BROADCAST,MULTICAST,UP,LOWER_UP> mtu 1500 qdisc fq_codel state
   UP mode DEFAULT group default qlen 1000 link/ether 52:54:00:12:34:56
   brd ff:ff:ff:ff:ff:ff
```

ルーティング情報は`ip route`で確認できます。ネットワークの章（「**7章　ネットワーク**」）では、ネットワークスタック、サポートされているプロトコル、典型的な操作について深く掘り下げていきます。そのため、ネットワークはここで切り上げて、次のブロックデバイスとファイルシステムに進みます。

2.3.4　ファイルシステム

Linuxでは、ハードディスクドライブ（HDD）やソリッドステートドライブ（SSD）、フラッシュメモ

リなどの記憶装置上のファイルやディレクトリを構築するファイルシステムという機能を提供しています。ファイルシステムにはext4やbtrfs、NTFSなど多くの種類があり、同じファイルシステムを複数使用することもできます。

VFS（Virtual File System）はもともと、異なるファイルシステムが共存できるように導入されたものです。VFSの上位層（ユーザ空間に近い層）は、open、close、read、writeなどを共通API（ファイルシステムインタフェース）で抽象化したものです。VFSの下位層（ファイルシステムに近い層）には、与えられたファイルシステムのための**プラグイン**と呼ばれるファイルシステム抽象化機能があります。

ファイルシステムとファイル操作については、「**5章　ファイルシステム**」で詳しく説明します。

2.3.5　デバイスドライバ

デバイスドライバはカーネルで動作する小規模なコードです。キーボード、マウス、ハードディスクドライブのなどのハードウェアであったり、/dev/pts/以下に存在する擬似端末のようなデバイス（これは物理デバイスではありませんが、そのように扱うことができます）を制御します。

他に特殊なハードウェアの1つとして、GPU（Graphics Processing Units、https://en.wikipedia.org/wiki/Graphics_processing_unit）があります。グラフィック出力を高速化し、CPUの負荷を軽減するために使用されてきました。近年、GPUは機械学習（https://www.tensorflow.org/guide/gpu）で使われてきており、デスクトップ環境だけのものではなくなっています。

デバイスドライバはカーネルに静的に組み込まれるか、カーネルモジュールとして組み込まれ（「**2.4.1 モジュール**」参照）、必要なときに動的にロードできます。

 デバイスドライバとカーネルコンポーネントの詳しい相関図はLinuxカーネルマップ（https://makelinux.github.io/kernel/map/）にまとめられています。

カーネルのドライバモデル（https://oreil.ly/Cb6mw）は複雑で、本書の範囲外となりますが、どこに何があるのかが把握できる程度に、カーネルとの相互関係を見ていきます。

以下のsysfsを確認すると、Linuxシステム上のデバイスを確認できます。

```
$ ls -al /sys/devices/
total 0
drwxr-xr-x 15 root root 0 Aug 17 15:53 .
dr-xr-xr-x 13 root root 0 Aug 17 15:53 ..
drwxr-xr-x  6 root root 0 Aug 17 15:53 LNXSYSTM:00
drwxr-xr-x  3 root root 0 Aug 17 15:53 breakpoint
drwxr-xr-x  3 root root 0 Aug 17 17:41 isa
drwxr-xr-x  4 root root 0 Aug 17 15:53 kprobe
drwxr-xr-x  5 root root 0 Aug 17 15:53 msr
drwxr-xr-x 15 root root 0 Aug 17 15:53 pci0000:00
drwxr-xr-x 14 root root 0 Aug 17 15:53 platform
drwxr-xr-x  8 root root 0 Aug 17 15:53 pnp0
drwxr-xr-x  3 root root 0 Aug 17 15:53 software
drwxr-xr-x 10 root root 0 Aug 17 15:53 system
```

```
drwxr-xr-x  3 root root 0 Aug 17 15:53 tracepoint
drwxr-xr-x  4 root root 0 Aug 17 15:53 uprobe
drwxr-xr-x 18 root root 0 Aug 17 15:53 virtual
```

さらに、以下のコマンドでマウントされているデバイスの一覧を表示できます。

```
$ mount
sysfs on /sys type sysfs (rw,nosuid,nodev,noexec,relatime)
proc on /proc type proc (rw,nosuid,nodev,noexec,relatime)
devpts on /dev/pts type devpts (rw,nosuid,noexec,relatime,gid=5,mode=620, \
ptmxmode=000)
...
tmpfs on /run/snapd/ns type tmpfs (rw,nosuid,nodev,noexec,relatime,\
size=401464k,mode=755,inode64)
nsfs on /run/snapd/ns/lxd.mnt type nsfs (rw)
```

これで Linux カーネルのコンポーネントを網羅しました。次はカーネルとユーザ空間とのインタフェースに移ります。

2.3.6　システムコール

　ターミナルで touch test と入力した場合、アプリケーションがリモートシステムからファイルをダウンロードしたとしても、最終的にはOSに対する「ファイルを作成する」「あるアドレスからすべてのバイトを読み込む」といった（カーネルが理解できるレベルの）命令に変換されます。言い換えれば、カーネルが提供するシステムコール、略してシスコール（https://oreil.ly/UF09U）を呼び出します。

　Linux には合計数百個ものシステムコールがあり、CPUファミリによっては300個を超えます。標準ライブラリはラッパー（上被せ）関数を提供しており、glibc（https://www.gnu.org/software/libc/）や musl（https://musl.libc.org/）などで実装されたものを利用できます。

　これらのラッパーライブラリは重要な役割を担っています。システムコールの実行に伴う単純になりがちな反復処理を引き受けてくれます。システムコールはソフトウェア割り込みとして実装され、例外を発生させて例外ハンドラが呼ばれます。システムコールの呼び出しは、**図 2-4** に示すように、いくつかの工程があります。

1. カーネルは syscall.h とアーキテクチャ依存を示すファイルで定義された、いわゆる**シスコールテーブル**を使用する。これは、メモリ上の関数ポインタの配列（sys_call_table 変数で定義されている）で、システムコールとそのハンドラが登録されている。

2. system_call() 関数は、まずハードウェアコンテキストをスタックに保存し、次にチェック（トレースが行われているかどうかなど）をして、sys_call_table 内のシステムコール番号のインデックスが指す関数（ハンドラ）へジャンプする。

3. sysexit によってシステムコールが終了すると、ラッパーライブラリはハードウェアコンテキストを復元し、プログラムの実行はユーザ空間で再開される。

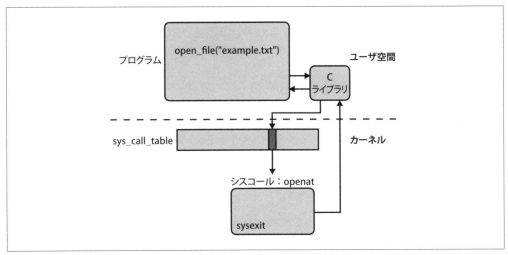

図2-4　Linuxのシステムコール実行における工程

　上記の工程の中で、カーネルモードとユーザ空間モードの切り替えは、昔から時間（コスト）のかかる処理だということが知られています。

　実際にシステムコールがどのように見えるか感覚的に理解するために、具体的な例を確認してみましょう。strace（https://strace.io/）を使って、可視化します。これはトラブルシューティングに役立つツールで、例えば、あるアプリのソースコードは持っていない場合でも、そのアプリが何をしているのかがシステムコールレベルで把握できます。

　lsコマンドを実行したときに、どんなシステムコールを発行しているのか、straceを使って調べます。

```
$ strace ls ❶
execve("/usr/bin/ls", ["ls"], 0x7ffe29254910 /* 24 vars */) = 0 ❷
brk(NULL)                         = 0x5596e5a3c000 ❸
...
access("/etc/ld.so.preload", R_OK)  = -1 ENOENT (No such file or directory) ❹
openat(AT_FDCWD, "/etc/ld.so.cache", O_RDONLY|O_CLOEXEC) = 3 ❺
...
read(3, "\177ELF\2\1\1\0\0\0\0\0\0\0\0\0\3\0>\0\1\0\0\0 p\0\0\0\0\0\0"..., \
832) = 832 ❻
...
```

❶ strace lsでは、straceでlsが使用するシステムコールをキャプチャする。このシステムではstraceは162行の出力があり、ほとんどを省略している（この数はディストリビューションやアーキテクチャ、その他の要素によって異なる。lsで参照するファイル数でも変わる）。さらに、この出力はstderrを経由して出力されるので、リダイレクトしたい場合はここで2>が必要。これについては「**3章　シェルとスクリプト**」で詳しく説明する。

❷ システムコールexecve（https://www.man7.org/linux/man-pages/man2/execve.2.html）は/usr/bin/lsを実行し、シェルプロセスと入れ替えられる。

❸ システムコール brk（https://www.man7.org/linux/man-pages/man2/brk.2.html）はメモリを割り当てる。例えば C 言語でメモリ獲得に使う malloc 関数はシステムコールではない。確保するメモリの量に応じて brk システムコールあるいは mmap システムコールを呼ぶ、標準 C ライブラリ（一般的には glibc）が提供する[※2]。

❹ access システムコールは、プロセスが特定のファイルへのアクセスを許可されているかをチェックする。

❺ openat システムコールは、ファイル /etc/ld.so.cache をディレクトリファイルディスクリプタ（記述子、ここでは最初の引数が AT_FDCWD で、カレントディレクトリを表す）と O_RDONLY|O_CLOEXEC フラグ（最後の引数）でオープンする。

❻ read システムコールは、ファイルディスクリプタ（最初の引数3）[※3] から832バイト（最後の引数）をバッファ（2番目の引数）に読み取る。

strace は、どのシステムコールが、どの順番で、どのような引数で呼ばれたかを正確に見ることができます。事実上、ユーザ空間とカーネルの間におけるイベントをリアルタイムに監視します。また、パフォーマンス診断にも適しています。curl コマンドがどこに多くの時間を費やしているのか確認してみましょう（出力は一部省略）。

```
$ strace -c \ ❶
        curl -s https://mhausenblas.info > /dev/null ❷
% time    seconds   usecs/call    calls    errors syscall
------ ----------- ----------- --------- --------- ----------------
 26.75   0.031965         148       215           mmap
 17.52   0.020935         136       153         3 read
 10.15   0.012124         175        69           rt_sigaction
  8.00   0.009561         147        65         1 openat
  7.61   0.009098         126        72           close
  ...
  0.00   0.000000           0         1           prlimit64
------ ----------- ----------- --------- --------- ----------------
100.00   0.119476         141       843        11 total
```

❶ -c オプションを設定すると、curl が使用したシステムコールの統計情報を出力。

❷ curl 自体の出力はすべて破棄。

ここでは curl コマンドの実行時間のほぼ半分を mmap と read システムコールが費やしており、connect システムコールは0.3ミリ秒でした。

表2-1にカーネルのコンポーネントやシステム全体で広く使われているシステムコールをリストアップしました。パラメータや戻り値を含むシステムコールの詳細は man ページのセクション2（https://oreil.ly/

[※2]　訳注：malloc が brk と mmap のどちらを使うかの判断は確保するメモリ量ですが、そのサイズは M_MMAP_THRESHOLD（デフォルトで128 KB）パラメータで設定されています。

[※3]　訳注：ファイルディスクリプタ（最初の引数3）は strace -y とするとファイル名に変換されます。以下はその例です。

```
$ strace -y -e read -s 16  ls
[...]
read(3</usr/lib64/libc-2.31.so>, "\177ELF\2\1\1\3\0\0\0\0\0\0\0\0"..., 832) = 832
```

qLOA3）にあります。

表2-1　システムコールの一例

カテゴリ	システムコール例
プロセス管理	clone, fork, execve, wait, exit, getpid, setuid, setns, getrusage, capset, ptrace
メモリ管理	brk, mmap, munmap, mremap, mlock, mincore
ネットワーク	socket, setsockopt, getsockopt, bind, listen, accept, connect, shutdown, recvfrom, recvmsg, sendto, sethostname, bpf
ファイルシステム	open, openat, close, mknod, rename, truncate, mkdir, rmdir, getcwd, chdir, chroot, getdents, link, symlink, unlink, umask, stat, chmod, utime, access, ioctl, flock, read, write, lseek, sync, select, poll, mount
時間	time, clock_settime, timer_create, alarm, nanosleep
シグナル	kill, pause, signalfd, eventfd
グローバル（システム全体）	uname, sysinfo, syslog, acct, _sysctl, iopl, reboot

シスコール一覧（https://filippo.io/linux-syscall-table/）の操作性に優れたウェブページで、システムコールの一覧を表示できます。それぞれ対象となるソースコードの参照リンクも利用できます。

　Linuxカーネルとその主な構成要素、そしてインタフェースについての基本的な考え方を説明しました。次はカーネルの拡張について説明します。

2.4　カーネルの拡張

　この節では、カーネルを拡張する方法について説明します。ある意味、ここでの内容は高度であり、オプション的なものです。一般に、日々の作業には必要ないでしょう。

Linuxカーネルを設定し、コンパイルすることは、本書の範囲外とします。ただしこれらについては、Linuxのメンテナでありプロジェクトリーダの1人であるGreg Kroah-Hartmanが著した*Linux Kernel in a Nutshell*（https://www.oreilly.com/library/view/linux-kernel-in/0596100795/、O'Reilly、2007）[4] をお勧めします。ソースコードのダウンロードから、設定やインストールの手順、実行時のカーネルオプションまで、すべての作業を網羅しています。

　簡単なことから始めます。まずは次のコマンドを実行して、マシン上で動作しているカーネルのバージョンを確認します。

```
$ uname -srm
Linux 5.11.0-25-generic x86_64 ❶
```

❶ このunameの出力から、x86_64マシンでLinux 5.11（https://www.kernel.org/releases.html）を使っていることがわかる（「2.2.1　x86アーキテクチャ」も参照）。

---

[4]　邦題『Linuxカーネルクイックリファレンス』（オライリー・ジャパン、2007）

カーネルのバージョンがわかったので、拡張する準備ができました。ここではカーネルのソースコードに独自コードを追加してビルドするのではなく、既存のモジュールを有効にして、カーネルに組み込みます。

2.4.1　モジュール

モジュールとは、必要に応じてカーネルにロードできるプログラムです。つまり、カーネルを再コンパイルしたり、マシンを再起動したりする必要はありません。現在では、Linux はほとんどのハードウェアを自動で検出し、対応したモジュールを自動でロードして、そのハードウェアを使えるようにします。しかし、手動でモジュールをロードしたいケースもあります。例えば、カーネルがビデオカードを検出し、汎用モジュールをロードしたとします。しかし、ビデオカードのベンダが、専用のサードパーティーモジュール（Linux カーネルには含まれていない）を提供しており、それを代わりに使用したい場合などです。利用可能なモジュールの一覧を表示するには、次のコマンドを実行します（1,000 以上の出力があったため、一部省略）。

```
$ find /lib/modules/$(uname -r) -type f -name '*.ko*'
/lib/modules/5.11.0-25-generic/kernel/ubuntu/ubuntu-host/ubuntu-host.ko
/lib/modules/5.11.0-25-generic/kernel/fs/nls/nls_iso8859-1.ko
/lib/modules/5.11.0-25-generic/kernel/fs/ceph/ceph.ko
/lib/modules/5.11.0-25-generic/kernel/fs/nfsd/nfsd.ko
...
/lib/modules/5.11.0-25-generic/kernel/net/ipv6/esp6.ko
/lib/modules/5.11.0-25-generic/kernel/net/ipv6/ip6_vti.ko
/lib/modules/5.11.0-25-generic/kernel/net/sctp/sctp_diag.ko
/lib/modules/5.11.0-25-generic/kernel/net/sctp/sctp.ko
/lib/modules/5.11.0-25-generic/kernel/net/netrom/netrom.ko
```

これだけ多くモジュールがあるということは、多くのハードウェア構成に対応しているということです。実際にカーネルがどのモジュールをロードしているのかを見てみます（出力は一部省略）。

```
$ lsmod
Module                Size  Used by
...
linear               20480  0
crct10dif_pclmul     16384  1
crc32_pclmul         16384  0
ghash_clmulni_intel  16384  0
virtio_net           57344  0
net_failover         20480  1 virtio_net
ahci                 40960  0
aesni_intel         372736  0
crypto_simd          16384  1 aesni_intel
cryptd               24576  2 crypto_simd,ghash_clmulni_intel
glue_helper          16384  1 aesni_intel
```

lsmod は、/proc/modules から情報を取得して、整形しています。/proc/modules は、カーネルが擬似ファイルシステム（procfs）インタフェースにより提供しています。このトピックに関する詳細は**「6章　アプ**

リケーション、パッケージ管理、コンテナ」で説明しています。

モジュールについて情報の取得、あるいはカーネルモジュールを操作するには modprobe を使用します。例えば、依存関係の一覧を表示するには以下のコマンドを実行します。

```
$ modprobe --show-depends async_memcpy
insmod /lib/modules/5.11.0-25-generic/kernel/crypto/async_tx/async_tx.ko
insmod /lib/modules/5.11.0-25-generic/kernel/crypto/async_tx/async_memcpy.ko
```

次は、カーネルを拡張するモダンな方法を紹介します。

2.4.2　モダンなカーネル拡張：eBPF

カーネルの機能を拡張する方法として、人気が高まっているのがeBPFです。もともとは「Berkeley Packet Filter」（BPF）として知られていましたが、現在では、このカーネルプロジェクトとテクノロジーは一般に「eBPF」[5]として知られています。

eBPFはLinuxカーネルの機能であり、Linux 3.15以降が必要です。eBPFはbpf（https://man7.org/linux/man-pages/man2/bpf.2.html）システムコール[6]を使ってLinuxカーネルの機能を安全かつ効率的に拡張できます。eBPFはカスタム64ビットRISC命令セットを使ったカーネル内の仮想マシンとして実装されています。

 カーネルバージョンによるeBPF機能のサポート状況はGitHubのiovisor/bccドキュメント（https://github.com/iovisor/bcc/blob/master/docs/kernel-versions.md）にまとめられています。

図2-5は、Brendan Greggの著書 *BPF Performance Tools: Linux System and Application bservability*（https://www.brendangregg.com/bpf-performance-tools-book.html、Addison-Wesley）からの引用です。

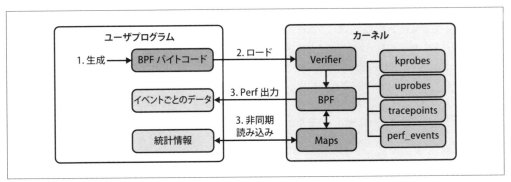

図2-5　Linuxカーネルにおける eBPF 概要

※5　訳注：eBPFはextended BPFの略です。なおオリジナルのBPFはclassic BPF（cBPF）と呼ばれています。原書やeBPFコミュニティ（https://ebpf.io/what-is-ebpf）ではもはや何の略でもないとしていますが、これはeBPFがパケットフィルタだけではない、という意味です。
※6　訳注：bpf()システムコールは3.18で実装されています。https://kernelnewbies.org/Linux_3.18#bpf.28.29_syscall_for_eBFP_virtual_machine_programs

eBPFはすでに多く利用されており、主に次のようなユースケースがあります。

Kubernetes で pod ネットワークを実現する CNI プラグイン

Cilium（https://github.com/cilium/cilium）や Project Calico など、サービスのスケーラビリティを高くするために利用されている。

オブザーバビリティ

iovisor/bpftrace（https://github.com/iovisor/bpftrace）のような Linux カーネルトレースや、Hubble（https://github.com/cilium/hubble）のようなクラスタ化された機構で利用されている。

セキュリティコントロール

CNCF Falco（https://falco.org）のようなプロジェクトでコンテナランタイムスキャンの実行に利用されている。

ネットワークのロードバランシング

代表的なものに Facebook の L4 katran（https://github.com/facebookincubator/katran）ライブラリがある。

2021年半ばに Linux Foundation は eBPF Foundation（https://oreil.ly/g2buM）を設立しました。また、これに Facebook、Google、Isovalent、Microsoft、Netflix が共同で参加したことと、eBPF プロジェクトにおいてベンダ中立の場を用意したと発表しました。

最新情報などは ebpf.io（https://ebpf.io/）から得られます。

2.5　まとめ

Linux カーネルは、Linux の中核です。デスクトップやクラウドなど、Linux を使用するディストリビューションや環境に関係なく、その構成要素と機能に関する基本的な知識は重要です。

この章では、Linux の全体的なアーキテクチャ、カーネルの役割、そのインタフェースについて概説しました。カーネルがハードウェア（CPU アーキテクチャや周辺機器）の差分を抽象化し、高い移植性を提供しています。重要なインタフェースはシステムコールです。カーネルはこれを通じて、ファイルを開いたり、メモリを割り当てたり、ネットワークインタフェースの情報を提供したりします。

また、モジュールや eBPF を含むカーネルの内部動作についても少し説明しました。カーネルの機能を拡張したり、（ユーザ空間から制御される）カーネル内で実行可能なタスクを実装したいのであれば、eBPF を検討するとよいでしょう。

カーネルをより深く学ぶのに適切な良書やウェブページを以下に紹介します。

カーネル全般

- Michael Kerrisk、*The Linux Programming Interface*（https://man7.org/tlpi/、No Starch Press、2010）、邦題『Linux プログラミングインタフェース』（オライリー・ジャパン、2012）
- 「Linux Kernel Teaching」（https://oreil.ly/lMzbW）は、全般的に深く掘り下げている入門。
- 「Anatomy of the Linux Kernel」（https://developer.ibm.com/articles/l-linux-kernel/）は、カーネルについて簡単ながらも、質の高い説明をしている。
- 「Operating System Kernels」（https://oreil.ly/9d93Y）には、カーネル設計の概要と比較がある。

- KernelNewbies（https://kernelnewbies.org/）は、カーネル初心者向けのサイト。カーネルの changelogの情報やパッチ投稿、カーネルハッキングについてなど、より実践的な案内がある。
- kernelstats（https://github.com/udoprog/kernelstats）はgitリポジトリからカーネルバージョンごとにコードライン数をグラフ化するRustアプリケーション。
- 「Linux kernel map」（https://makelinux.github.io/kernel/map/）は、カーネルのコンポーネントと依存関係を視覚的に表現したもの。

メモリ管理
- Mel Gorman、*Understanding the Linux Virtual Memory Manager*（https://oreil.ly/uKjtQ、Prentice Hall、2004）
- 「The Slab Allocator in the Linux Kernel」（https://oreil.ly/dBLkt）
- Kernelドキュメント（https://oreil.ly/sTBhM）

デバイスドライバ
- Jonathan Corbet他、*Linux Device Drivers*（https://oreil.ly/Kn7CZ、O'Reilly、2005）、邦題『Linux デバイスドライバ第3版』（オライリー・ジャパン、2005）
- 「How to Install a Device Driver on Linux」（https://oreil.ly/a0chO）
- 「Character device drivers」（https://oreil.ly/EGXIh）
- 「Linux Device Drivers: Tutorial for Linux Driver Development」（https://oreil.ly/jkiwB）

システムコール
- 「Linux Interrupts: The Basic Concepts」（https://oreil.ly/yCdTi）
- The Linux Kernel: System Calls（https://oreil.ly/A3XMT）
- Linux System Call Table（https://oreil.ly/mezjr）
- syscalls.hソースコード（https://oreil.ly/tf6CW）
- syscall lookup for x86 and x86_64（https://oreil.ly/K7Zid）

eBPF
- Matt Oswalt、「Introduction to eBPF」（https://oreil.ly/Afdsx）
- eBPF mapsドキュメント（https://oreil.ly/Fnj5t）

　この章の知識を基に、抽象化についてもう少し追求し、Linuxで主要なユーザインタフェースであるシェルに移ります。手動での使用とスクリプトによる自動化の両方について説明します。

3章
シェルとスクリプト

　この章では、コマンドラインインタフェース（CLI）を提供するシェルを通して、ターミナル上における
Linuxとの対話に焦点を当てます。日常業務でシェルを使いこなすことは極めて重要なため、ここでは使い
やすさに注目します。

　まず、シェルの基本をやさしく、簡潔に説明し、用語の解説をします。次に、fishシェルなどのモダンで
扱いやすいシェルについて見ていきます。また、シェルの設定や一般的なタスクについても見ていきます。
そして、ローカルまたはリモートを複数のセッションで作業できるようにするターミナルマルチプレクサを
使用して、CLIで効率的に作業する方法に進みます。章の最後では、シェルスクリプトを使用したタスクの
自動化についてと、安全、セキュア、かつ移植性の高い方法でスクリプトを書くためのベスト（あるいは
グッド）プラクティスや、スクリプトのlint（文法チェック）およびテスト方法についても説明します。

　CLIの観点から、Linuxと対話する方法は主に2つあります。1つは手動で行うものです。つまり、人間
がターミナルの前に座り、対話的にコマンドを入力し、出力を表示します。このような都度入力による対話
は、日常的にシェルで実施したいことのほとんどに有効で、次のようなことが挙げられます。

- ディレクトリの一覧表示、ファイルの検索、ファイル内のコンテンツの検索
- ディレクトリ間やリモートマシンへのファイルのコピー
- ターミナルからメールやニュースの閲覧、ツイートの送信

　さらに、便利で効率的に複数のシェルセッションを同時に操作する方法についても説明します。

　もう1つの方法は、シェルがファイル内のコマンドを順番に自動で実行します。これは一般に**シェルスク
リプト**または単に**スクリプト**と呼ばれます。手動で特定の作業を繰り返すよりスクリプトの方が便利です。
また、スクリプトは多くの設定やインストールシステムの基礎となっています。スクリプトは確かにとても
便利ですが、注意深く使用しないと危険なこともあります。そのため、スクリプトを書くときには、**図3-1**
で紹介されているXKCDのウェブコミックを頭の片隅に留めておいてください。

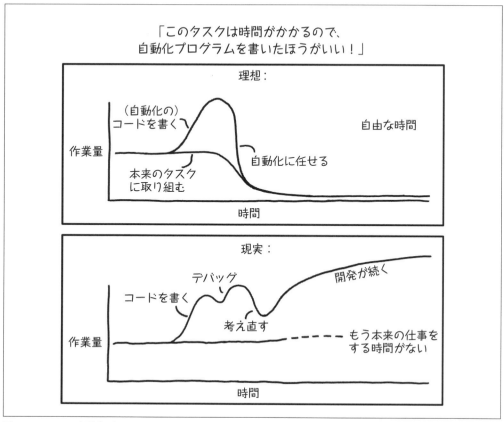

図3-1　XKCDの自動化（https://xkcd.com/1319/）©Randall Munroe（CC BY-NC 2.5ライセンスのもとに共有）

　ここで紹介する例をすぐに試すことを強くお勧めしますので、Linuxの環境を用意してください。準備ができたら、いくつかの用語とシェルの基本的な使い方から始めましょう。

3.1　基本用語

　さまざまなオプションや設定の前に、まずは**ターミナル**や**シェル**などの基本的な用語からです。この節では、用語を定義し、シェルで日常的なタスクを実行する方法を説明します。また、モダンなコマンドを確認し、実際に使ってみることにします。

3.1.1　ターミナル

　ターミナル、ターミナルエミュレータ、ソフトターミナルと、さまざまな表現があります。すべて同じものですが、この本では「ターミナル」と呼ぶことにします。テキストベースのユーザインタフェースを提供するプログラムです。つまり、キーボードから文字を読み取り、それを画面に表示するのがターミナルです。一昔前は、キーボードと画面が一体化したものでしたが、現在では単なるアプリになっています。

ターミナルは基本的な文字入力と出力に加えて、いわゆる**エスケープシーケンス**、または**エスケープコード**（https://en.wikipedia.org/wiki/ANSI_escape_code）をサポートしており、カーソルや画面の処理や、文字色のサポートがあります。例えば、Ctrl + Hを押すとバックスペースを押したのと同じになり、カーソルの左側の文字が削除されます。

環境変数TERMには使用するターミナルエミュレータがあり、以下のようにinfocmpで（terminfoデータベースの）参照ができます（出力は一部省略）。

```
$ infocmp ❶ infocmp により /lib/terminfo/s/screen-256color ファイルから再構築される
#       Reconstructed via infocmp from file: /lib/terminfo/s/screen-256color
screen-256color|GNU Screen with 256 colors,
        am, km, mir, msgr, xenl,
        colors#0x100, cols#80, it#8, lines#24, pairs#0x10000,
        acsc=++\,\,--..00``aaffgghhiijjkkllmmnnooppqqrrssttuuvvwwxxyyzz{{||}}~~,
        bel=^G, blink=\E[5m, bold=\E[1m, cbt=\E[Z, civis=\E[?25l,
        clear=\E[H\E[J, cnorm=\E[34h\E[?25h, cr=\r,
        ...
```

❶ infocmpの出力はすぐに理解できるものではないので、terminfo（https://www.man7.org/linux/man-pages/man5/terminfo.5.html）を参照。例えば、このターミナルは80のカラム（cols#80）、24行（lines#24）、256色（colors#0x100、16進数表記）での出力がサポートされている。

ターミナルの種類としては、xterm、rxvt、Gnome terminatorだけでなく、Alacritty（https://github.com/alacritty/alacritty）、kitty（https://sw.kovidgoyal.net/kitty/）、warp（https://www.warp.dev/）など、GPUを利用した新世代のターミナルも含まれます。

「**3.3　ターミナルマルチプレクサ**」で、またターミナルについて取り上げます。

3.1.2　シェル

シェルはターミナル内で動作し、コマンドインタプリタとして機能するプログラムです。ストリームによる入出力処理を提供します。また、コマンドの実行とステータスを処理し、通常は対話的な使用とスクリプトによる使用（「**3.4　スクリプト**」）の両方をサポートします。

シェルは、POSIXにおいてsh（https://oreil.ly/ISxwU）として正式に定義されています。また、POSIXシェル（https://oreil.ly/rkfqG）という用語もよく使われますが、これはスクリプトとその移植性から重要となります。

もともとは、Stephen Bourneが開発したBourne shell（ボーンシェル）のshがありましたが、現在では多くがbashシェル（https://oreil.ly/C9coL）に置き換わっています。これは、オリジナル版の言葉遊びで、「Bourne Again Shell」の略です。bashは広くデフォルトとして使用されています。

自分の環境でどのシェルを使っているかを確認するには、file -h /bin/shか、echo $0やecho $SHELLを実行してみてください。

本節では、明示がない限り、bashシェル（bash）を前提としています。

この他にも、Kornシェル（ksh）やCシェル（csh）などshの実装はたくさんありますが、現在ではあまり使われていないようです。そこで「**3.2　使いやすいシェル**」ではbashに代わるモダンなシェルを評価します。

それでは、基本機能であるストリームと変数から始めましょう。

3.1.2.1　ストリーム

ストリームには、入力ストリーム（input stream）と出力ストリーム（output stream）があり、この2つを略して入出力（I/O、Input/Output）と言います。まずはこのトピックから始めましょう。プログラムに入力を与えるにはどうしたらいいのでしょうか？プログラムの出力がどのターミナル、あるいはどのファイルに接続されているかを、どのように制御するのでしょうか。

まず最初に、シェルはすべてのプロセスに入出力用の3つのファイルディスクリプタ（FD）をデフォルトで用意しています。

- stdin（FD 0）：標準入力
- stdout（FD 1）：標準出力
- stderr（FD 2）：標準エラー出力

これらのFDは**図3-2**に図示したように、デフォルトではそれぞれスクリーンとキーボードに接続されています。言い換えると、特に指定しない限り、シェルで入力したコマンドはキーボードから入力（stdin）され、画面に出力（stdout）をします。エラー発生時も画面に出力します（stderr）。

次のシェルでの対話は、このデフォルトの動作を示しています。

```
$ cat
This is some input I type on the keyboard and read on the screen^C
キーボードからの入力を、この画面で見ている
```

このcatの例では、デフォルトの動作が確認できます。Ctrl + C（^Cと表示されます）でコマンドを終了しています[1]。

シェルが提供するデフォルトを使いたくない場合、例えば、stderrを画面に出力せず、ファイルに保存したい場合、ストリームをリダイレクト（https://oreil.ly/pOIjp）することが可能です。

プロセスの出力ストリームをリダイレクトするには、$FD>と<$FDを使用します。$FDはファイルディスクリプタです。例えば、2>はstderrストリームをリダイレクトすることを意味します。1>と>は、stdoutがデフォルトであるため、同じ意味になります。もし、stdoutとstderrの両方をリダイレクトしたい場合には、&>を使用し、ストリームの出力が不要な場合には、/dev/nullを使用します。

※1　訳注：catコマンドの引数がないため、標準入力（stdin）から入力を読み込み、標準出力（stdout）へそのまま出力します。そのため、Ctrl + CではなくEnterを押すと、同じ文字列がスクリーンに出力されます。

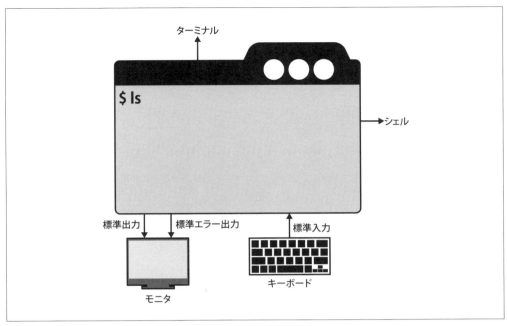

図3-2 シェルにおけるデフォルトの入出力ストリーム

具体的な例として、curlを使用してHTMLコンテンツをダウンロードする動作を確認します。

```
$ curl https://example.com &> /dev/null ❶

$ curl https://example.com > /tmp/content.txt 2> /tmp/curl-status ❷
$ head -3 /tmp/content.txt
<!doctype html>
<html>
<head>
$ cat /tmp/curl-status
  % Total    % Received % Xferd  Average Speed   Time    Time     Time  Current
                                 Dload  Upload   Total   Spent    Left  Speed
100  1256  100  1256    0     0   3187      0 --:--:-- --:--:-- --:--:--  3195

$ cat > /tmp/interactive-input.txt ❸

$ tr < /tmp/curl-status [A-Z] [a-z] ❹
  % total    % received % xferd  average speed   time    time     time  current
                                 dload  upload   total   spent    left  speed
100  1256  100  1256    0     0   3187      0 --:--:-- --:--:-- --:--:--  3195
```

❶ stdoutとstderrの両方を/dev/nullにリダイレクトして、すべての出力を破棄する。

❷ curlコマンドが出力するhttps://example.comの内容（stdout）と、curlコマンドから出力される
自身のステータス（stderr）を別のファイルにリダイレクトする。

❸ 対話的に入力を行い、ファイルに保存する。Ctrl + D でキャプチャを停止し、内容を保存する。

❹ tr コマンドは stdin から読み込んだ文字を置き換えるコマンドで、/tmp/curl-status ファイルに含まれる文字をすべて小文字にしている。

シェルは以下のような特殊文字を解釈します。

アンパサンド（&）

コマンドの最後に置くと、そのコマンドをバックグラウンドで実行する（「**3.1.2.5　ジョブ制御**」も参照）。

バックスラッシュ（\）

長いコマンドを読みやすくするために、次の行にコマンドを続けるときに使用する。

パイプ（|）

あるプロセスの stdout と次のプロセスの stdin を接続し、データを一時的にファイルへ保存することなく受け渡しする。

パイプと UNIX の哲学

パイプ（https://oreil.ly/ipSgr）は、地味に見えるかもしれませんが、想像以上の魅力があります。私はかつて、パイプの発明者である Doug McIlroy と素敵なやり取りをしました。そして UNIX とマイクロサービスの間の類似性について「Revisiting the Unix Philosophy in 2018」（https://oreil.ly/KTU4q）の記事を書きました。この記事に対して、ある人がコメントをくれました。するとそのコメントの一部を修正するために、Doug は私にメールを送ってきました（突然のことで、すぐに信じることができませんでした）[2]。

次も具体的な例です。試しに curl を使って HTML ファイルをダウンロードし、その内容を wc にパイプして、そのファイルの行数を調べます。

```
$ curl https://example.com 2> /dev/null | \ ❶
  wc -l ❷
46
```

❶ curl を使って URL からコンテンツをダウンロードし、stderr に出力されるステータスを破棄している（注意：せっかくなので curl のエラーメッセージを表示させない -s オプションはあえて使用せず、/dev/null を使った）。

❷ curl の stdout は wc の stdin に送られ、この stdin を wc の -l オプションで行数をカウントする。

これで、コマンド、ストリーム、リダイレクトの基本が理解できたと思います。次に、シェルのもう1つの主要機能である変数の扱いについて説明します。

3.1.2.2　変数

シェルの説明でよく目にする用語に**変数**があります。値をハードコードしたくない、あるいはできないときは、変数に値を保存したり変更することができます。使用例としては以下のようなものがあります。

※2　訳注：コメントと Doug のメールの内容は、ウェブページの最後のコメント欄で読むことができます。

- Linuxが公開する設定項目を変更する場合。例えばシェルが実行ファイルを探す場所は$PATH変数にある。これは、変数が読み書きできるインタフェースのようなものとなっている。
- スクリプトの中で、対話でユーザに値の入力を要求するとき。
- HTTP APIのURLのように、長い値（文字列）を一度だけ定義して、あとから何度も使うことによって入力を短くしたい場合。このような使い方は、変数を宣言した後は変更しないため、プログラム言語のconst値と同様の扱いとなる。

変数には次の2種類があります。

環境変数

シェル全体の設定。例えば、envコマンドで一覧表示される[3]。

シェル変数

現在の実行中のシェルでのみ有効。例えば、bashではsetで設定する。シェル変数はシェルが起動する子プロセスには継承されない。

bashではexportを使った環境変数も作成できます。変数の値にアクセスしたいときは、変数の前に$を付け、未定義の状態に戻したいときはunsetを使います。

では、実際にbashでどのように変数を使うかを確認しましょう。

```
$ MY_VAR=42 ❶
$ set | grep MY_VAR ❷
MY_VAR=42

$ export MY_GLOBAL_VAR="fun with vars" ❸

$ set | grep '^MY_*' ❹
MY_GLOBAL_VAR='fun with vars'
MY_VAR=42

$ env | grep '^MY_*' ❺
MY_GLOBAL_VAR=fun with vars

$ bash ❻
$ echo $MY_GLOBAL_VAR ❼
fun with vars

$ set | grep 'MY_*' ❽
MY_GLOBAL_VAR='fun with vars'

$ exit ❾
$ unset MY_VAR
$ set | grep '^MY_*'
MY_GLOBAL_VAR='fun with vars'
```

---

[3] 訳注：printenvでも環境変数の一覧が確認できます。

❶ シェル変数MY_VARを作成し、42という値を代入。

❷ シェル変数の一覧をMY_VARでフィルタリング。

❸ 環境変数MY_GLOBAL_VARを新規に作成。

❹ シェル変数の一覧を、MY_で始まるものでフィルタリング。予想通り、前のステップで作成した両方の変数が表示される。

❺ 環境変数の一覧から、期待通りにMY_GLOBAL_VARだけが表示される。

❻ 新しいシェルセッションを作成している。つまり、MY_VARを継承しないシェルセッションの子プロセスを作成する。

❼ 環境変数MY_GLOBAL_VARにアクセスする（変数の前に$を付けている）。

❽ シェル変数の一覧を確認しているが、子プロセスなのでMY_GLOBAL_VARだけが得られる（MY_VARは継承されない）。

❾ 子プロセスを終了し、MY_VARシェル変数を削除し、シェル変数の一覧を確認。予想通り、MY_VARは表示されない。

　表3-1では、一般的なシェル変数と環境変数をまとめました。これらの変数は頻繁に見かけますので、理解して使用しましょう。どの変数もecho $XXX（XXXは変数名）でそれぞれの値を確認できます。

表3-1　一般的なシェルの環境変数

変数名	種別	意味
EDITOR	環境変数	ファイルを編集するためにデフォルトで使用されるプログラム（エディタ）へのパス
HOME	POSIX	現在のユーザのホームディレクトリのパス
HOSTNAME	bashシェル	現在のホスト名
IFS	POSIX	フィールドを区切る文字のリスト（区切り文字）。シェルが展開時に単語を分割するときに使われる
PATH	POSIX	シェルが実行可能なプログラム（バイナリやスクリプト）を探すディレクトリの一覧
PS1	環境変数	使用中の主なプロンプト文字列
PWD	環境変数	ワーキング（現在の作業）ディレクトリのフルパス
OLDPWD	bashシェル	最後にcdコマンドを実行したディレクトリのフルパス（1つ前のPWD）
RANDOM	bashシェル	0から32767の間のランダムな整数値
SHELL	環境変数	現在使用されているシェル
TERM	環境	使用されているターミナルエミュレータ
UID	環境変数	ユーザID（整数値）
USER	環境	現在のユーザ名
_	bashシェル	フォアグラウンドで実行された直前のコマンドの最後の引数
?	bashシェル	直前に実行したコマンドの終了ステータス。「3.1.2.3　終了ステータス」を参照
$	bashシェル	現在のプロセスのPID（整数値）
0	bashシェル	現在のプロセスの名前

　bash特有の変数の一覧（https://oreil.ly/EIgVc）もぜひチェックしてください。また、**表3-1**の変数は「**3.4　スクリプト**」でも頻繁に使います。

3.1.2.3　終了ステータス

シェルはコマンド実行が完了すると、**終了ステータス**を呼び出し元に伝えます。一般に、Linuxのコマンドは終了時にステータスを返します。これは、正常終了か異常終了（何らかの問題が発生）のどちらかです。終了ステータスが0であった場合は、コマンドがエラーなしで正常に実行されたことを意味し、1から255の間の非ゼロの値は失敗を意味します。終了ステータスを問い合わせるには、echo $?を使用します。

パイプラインで終了ステータスを処理するときは注意が必要です。いくつかのシェルでは、最後に実行されたコマンドのステータスしか利用できません。$PIPESTATUSの使用（https://www.shellscript.sh/tips/pipestatus/）にその解決策が紹介されています。

3.1.2.4　ビルトインコマンド

シェルには多くのビルトインコマンドが用意されています。便利なものに、yes、echo、cat、readなどがあります（Linuxディストリビューションによっては、これらのコマンドはビルトインではなく/usr/bin以下だけにあります）。helpコマンドを使用すると、ビルトインコマンドの一覧が確認できます。それ以外はシェルの外部プログラムであり、一般的に/usr/bin（ユーザコマンド用）か/usr/sbin（管理コマンド用）にあります。

実行ファイルがどこにあるか調べる方法を以下に示します。

```
$ which ls
/usr/bin/ls

$ type ls
ls is aliased to `ls --color=auto'
```

whichはPOSIXで規定されていない外部プログラムであり、常に利用できるとは限りません。プログラムのパスやシェルのエイリアス、関数を取得するためにwhichではなくcommand -vの使用が提案されています。この問題の詳細についてはshellcheck docs（https://oreil.ly/5toUM）も参照してください。

3.1.2.5　ジョブ制御

ほとんどのシェルで、**ジョブ制御**（https://oreil.ly/zeMsU）をサポートしています。デフォルトでは、コマンドを入力すると、画面とキーボードの制御を受けます。これは**フォアグラウンド実行**と呼ばれます。しかし、対話的に実行しない場合、あるいはサーバのように、stdinからの入力がまったくない場合はどうでしょうか。このようなときのためにジョブ制御とバックグラウンドジョブがあります。バックグラウンドでプロセスを起動するには最後に&を、フォアグラウンドのプロセスをバックグラウンドに送るにはCtrl + Zを押します。

次の例は、これを実際にやってみたもので、大まかなイメージをつかんでもらえると思います。

```
$ watch -n 5 "ls" & ❶

$ jobs ❷
Job    Group   CPU    State    Command
1      3021    0%     stopped  watch -n 5 "ls" &
```

```
$ fg ❸
Every 5.0s: ls                                    Sat Aug 28 11:34:32 2021

Dockerfile
app.yaml
example.json
main.go
script.sh
test
```

❶ 最後に&を付けることで、バックグラウンドでコマンドを実行。

❷ (そのシェルからバックグラウンド実行した) すべてのジョブの一覧を表示。

❸ fgコマンドで、あるプロセスをフォアグラウンドにできる。watchコマンドを終了させたい場合は、Ctrl + Cを使用する。

訳者補
watchコマンドは5秒間隔でlsを実行しています。lsコマンドはすぐに終了しますが、watchコマンドは常駐します。

　シェルを閉じた後もバックグラウンドのプロセスの動作を維持したい場合は、nohupコマンドを先頭に付けます (先ほどのlsから見たwatchのように)。さらに、すでに起動しているプロセスで、nohupが付けていなかった場合は、後からdisownを使用すると同じことになります。最後に、実行中のプロセスを任意のタイミングで終了させたい場合は、killコマンドで対象のプロセスにシグナルを送信して終了させます (シグナルの種類についての詳細は 「9.1.1　シグナル」 を参照してください)。

　ジョブ制御よりも、「3.3　ターミナルマルチプレクサ」で説明するターミナルマルチプレクサを使うことをお勧めします。これらのプログラムは、最も一般的な使用 (シェルが閉じられたり、複数のプロセスが実行されていて調整が必要など) の面倒を見ますし、リモートシステムでの作業もサポートしています。

　次に、昔からよく使われてきた基本的なコマンドを進化、改善させたモダンなコマンドを説明しましょう。

3.1.3　モダンなコマンド

　日常的に繰り返し使うコマンドはほんの一握りです。ディレクトリの移動 (cd)、ディレクトリの内容の一覧表示 (ls)、ファイルの検索 (find)、ファイルの内容の表示 (cat、less) などでしょう。これらのコマンドは頻繁に使用するため、できるだけ効率的にしたいものです。

　よく使われるコマンドには、実はモダンなバリエーションがあります。中にはそのまま置き換えられるものもあれば、機能を拡張するものもあります。これらのコマンドはすべて、一般的な操作に対する適切なデフォルト値と、理解しやすい詳細な出力を提供し、少ない入力で同じタスクを実現します。これにより、シェルで作業する際のキー操作が減り、より楽しく、スムーズになります。モダンなツールについては、「付録B　モダンLinuxツール」をチェックしてみてください。ただしエンタープライズ製品環境でこれらを適用するには、注意が必要です。また、私は単に便利だと考えて勧めているだけで、これらのツールの利害関係者ではありません[4]。これらのツールをインストールし使用するにしても、Linuxディストリビュー

※4　訳注：新しい実装の場合、十分な実績がなく品質が不安定な可能性があります。

ションで検証されたバージョンがよいでしょう。

3.1.3.1 exa でディレクトリの内容を出力する

ディレクトリにあるファイルを調べたいときは、lsまたはオプション付きの短縮コマンドを使用します。例えば、私はbashでlをls -GAhltrというエイリアスにしていました。exa（https://the.exa.website/）は、Rustで書かれたモダンなコマンドで、lsの代替として使うことができます。Gitステータス表示とツリー表現（treeコマンド相当）もexaコマンドのオプションでサポートされています。lsに関連した他のテクニックとしてはショートカットキーがあります。ディレクトリの内容を表示した後に、決まってよく使うコマンドがあると思います。私の経験では、画面をクリアするために、clearを使う人が非常に多い印象です。clearを実行するには「clear」という5文字を入力してEnterキーを押す必要がありますが、Ctrl + Lを使えば同じことを1回のキータイプでできます。

3.1.3.2 bat でファイルの内容を表示

ディレクトリの内容を一覧表示して、内容を確認したいファイルがあったとします。その場合、catを使うのがほとんどだと思いますが、bat（https://github.com/sharkdp/bat）はより進化したものです。**図3-3**はbatコマンドによる出力です。batはシンタックスハイライト、表示不可能な文字の表示、Gitのサポート、ページャ（画面に表示できない長いファイルをページ単位で表示）といった機能をすべて持っています。

3.1.3.3 rg でファイルの中身を検索する

ファイルの中に所定の文字列が含まれているかどうかを検索するには、通常はgrepを使うでしょう。しかし、rg（https://github.com/BurntSushi/ripgrep）という、高速で強力なコマンドもあります。

次の例では、文字列「sample」を含むYAMLファイルを検索する場合、findとgrepの組み合わせとrgを比較します。

```
$ find . -type f -name "*.yaml" -exec grep "sample" '{}' \; -print ❶
    app: sample
      app: sample
./app.yaml

$ rg -t "yaml" sample ❷
app.yaml
9:    app: sample
14:      app: sample
```

❶ YAMLファイルから文字列を検索するには、findとgrepを一緒に使っている。

❷ rgを使って、同じ作業を行う。

先ほどの例でコマンドと結果を比較すると、rgの方が使いやすいだけでなく、結果がより有益であることがわかります（この場合は行番号を出力）。

訳者補

rgは「ripgrep」の略称で、Rustで実装されています。grepコマンドも-nオプションで行番号は出力できます。一般にrgコマンドでよく言及される利点は、Rustの正規表現エンジンにより、非常に高速であることです。ただしPOSIX準拠ではないので移植性の問題があること、および、システムにRustがインストールされている必要があることにより、組み込み機器などでは採用が難しい場合があるでしょう。しかし少なくとも開発環境で重宝することは間違いありません。性能比較などの詳細はコミュニティのページripgrep（https://github.com/BurntSushi/ripgrep）にあります。

```
File: main.go

1    package main
2
3    import (
4        "fmt"
5        "net/http"
6    )
7
8    func main() {
9        http.HandleFunc("/", HelloServer)
10       http.ListenAndServe(":8080", nil)
11   }
12
13   func HelloServer(w http.ResponseWriter, r *http.Request) {
14       fmt.Fprintf(w, "Hello, %s!", r.URL.Path[1:])
15   }
```

```
File: app.yaml

1    apiVersion: apps/v1
2    kind: Deployment
3    metadata:
4      name: something
5  +  namespace: xample
6    spec:
7      selector:
8        matchLabels:
9          app: sample
10 ~    replicas: 2
11     template:
12       metadata:
13         labels:
14           app: sample
15       spec:
16         containers:
17           - name: example
18             image: public.ecr.aws/mhausenblas/example:stable
```

図3-3　batによるGoファイル（上）とYAMLファイル（下）の表示

3.1.3.4　jqでJSONデータを処理する

　ここで紹介するjqというコマンドの代替となるような基本的なコマンドはありません。jqはテキストデータ形式であるJSONに特化しています。JSONはHTTPのAPIや設定ファイルなどでよく使われています。

　JSONの中から特定のデータを抽出するのにawkやsedではなく、専用のjq（https://stedolan.github.io/jq/）を使用すると便利です。例えば、JSON GENERATOR（https://json-generator.com/）を使ってランダムなデータを生成すると、以下のような2.4 KBのJSONファイルexample.jsonが生成されます（ここでは先頭のレコードだけを表示しています）。

```
[
  {
    "_id": "612297a64a057a3fa3a56fcf",
    "latitude": -25.750679,
    "longitude": 130.044327,
    "friends": [
      {
        "id": 0,
        "name": "Tara Holland"
      },
      {
        "id": 1,
        "name": "Giles Glover"
      },
      {
        "id": 2,
        "name": "Pennington Shannon"
      }
    ],
    "favoriteFruit": "strawberry"
  },
  ...
```

例えば、好きな果物が「strawberry」である友人の1番目を表すfriends配列の要素0を抽出するとします。jqを使うと、次のようになります。

```
$ jq 'select(.[].favoriteFruit=="strawberry") | .[].friends[0].name' example.json
"Tara Holland"
"Christy Mullins"
"Snider Thornton"
"Jana Clay"
"Wilma King"
```

モダンなコマンドについて詳しく知りたい、他にどんなものがあるか知りたい場合は、modern-unix repo（https://github.com/ibraheemdev/modern-unix）をチェックしてみてください。一覧でまとめられています。それでは、ディレクトリ移動やファイル表示ではなく、一般的なタスクとその使い方に焦点を当てます。

3.1.4　一般的なタスク

シェルでの作業を高速化するためには、いくつかのコツがあります。一般的なタスクを見直し、どうすればより効率的にできるかを見ていきましょう。

3.1.4.1　よく使うコマンドを短くする

インタフェースの基本的な考え方の1つに、「よく使うコマンドは最小限の労力で、素早く入力できるべきだ」というものがあります。この考え方をシェルに当てはめてみましょう。私は一日に何百回も自分のリ

ポジトリの変更を確認するので、git diff --color-movedではなくd（1文字）と入力することにしています。シェルによって、この省略方法は異なります。bashでは、これを**エイリアス**（https://ss64.com/bash/alias.html）と呼ばれます。fish（「**3.2.1　fishシェル**」）ではアブリビエーション（https://fishshell.com/docs/current/cmds/abbr.html）というものがあります。

3.1.4.2　操作

シェルプロンプトでコマンドを入力するとき、行の移動（例えば、カーソルを先頭に移動させる）や行の操作（例えば、カーソルの左側をすべて削除する）など、やりたいことがたくさんあるはずです。**表3-2**に、一般的なシェルのショートカットの一覧を示します。

表3-2　シェルにおける移動と編集のショートカット

作用	コマンド	備考
カーソルを行頭に移動	Ctrl + a	-
カーソルを行末に移動	Ctrl + e	-
カーソルを 1 文字前に移動	Ctrl + f	-
カーソルを 1 文字戻す	Ctrl + b	-
カーソルを 1 単語先に移動	Alt + f	左側の Alt で動作する
カーソルを 1 単語戻す	Alt + b	-
カーソル上の文字を削除	Ctrl + d	-
カーソルの左側の文字を削除	Ctrl + h	-
カーソルの左の単語を削除	Ctrl + w	-
カーソルから行末まで削除	Ctrl + k	-
カーソルから行頭まで削除	Ctrl + u	-
画面をクリアする	Ctrl + l	-
コマンドの取り消し	Ctrl + c	-
Undo	Ctrl + _	bash のみ[5]
履歴を検索	Ctrl + r	一部のシェル
検索をキャンセル	Ctrl + g	一部のシェル

すべてのショートカットがすべてのシェルでサポートされているわけではありませんし、履歴管理など一部はシェルによって実装が異なる可能性があります。実は、これらのショートカットはEmacsの編集キーストロークをベースにしています。普段viを利用している場合は、例えば.bashrcファイルでset -o viと記載すると、viのキーストロークに基づいたコマンドライン編集ができます。最後に、まずは**表3-2**から始めて、自分の使っているシェルがサポートしているものを試し、どのようにカスタマイズすれば自分の目的に合うかを探ってみてください。

3.1.4.3　ファイル内容の管理

1行のテキストを追加するだけのために、viを起動したくないはずです。また、例えばシェルスクリプト（「**3.4　スクリプト**」）にテキスト編集のためにviと書くことはできません。

---

[5]　訳注：訳者環境ではCtrl + Shift + _ でした。

では、テキストを処理するにはどうするのか、いくつかの例を見てみましょう。

```
$ echo "First line" > /tmp/something ❶

$ cat /tmp/something ❷
First line

$ echo "Second line" >> /tmp/something && \ ❸
  cat /tmp/something
First line
Second line

$ sed 's/line/LINE/' /tmp/something ❹
First LINE
Second LINE

$ cat << 'EOF' > /tmp/another ❺
First line
Second line
Third line
EOF

$ diff -y /tmp/something /tmp/another ❻
First line                              First line
Second line                             Second line
                                      > Third line
```

❶ echoの出力をリダイレクトしてファイルを作成。
❷ ファイルの中身を表示。
❸ >>を使ってファイルに行を追加し、内容を表示。
❹ sedを使用してファイルにある文字を置換し、stdoutに出力。
❺ ヒアドキュメント（https://tldp.org/LDP/abs/html/here-docs.html）※6を使ってファイルを作成。
❻ 作成したファイルの差分を表示。

　ファイル内容を編集する基本テクニックがわかったところで、ファイル内容を参照するスマートな方法を説明します。

3.1.4.4　長いファイルの参照

　長いファイル、つまりシェルが画面に表示できる行数を超えるファイルについては、lessやbatのようなページャを使用します（batにはページャが組み込まれています）。ページャのページング機能は、ファイル内容を画面の表示できる範囲に分割し、ページを移動するコマンド（次のページを表示する、前のページを表示する、など）を提供します。

　長いファイルを表示する方法は他にもあります。headとtailを使ってファイルの最初の数行など、特定

※6　訳注：EOFはEnd Of Fileの略で、慣例としてEOFがよく使われますが、どのような文字列でもかまいません。他にはENDもよく使われます。

の範囲だけを表示する方法です。

例えば、ファイルの先頭を表示するには、次のようにします。

```
$ for i in {1..100} ; do echo $i >> /tmp/longfile ; done ❶

$ head -5 /tmp/longfile ❷
1
2
3
4
5
```

❶ 長いファイル（ここでは100行）を作成。

❷ 長いファイルの最初の5行を表示。

次は、常に増え続けるファイルのライブアップデート（更新分）を出力します。

```
$ sudo tail -f /var/log/Xorg.0.log ❶
[ 36065.898] (II) event14 - ALPS01:00 0911:5288 Mouse: device is a pointer
[ 36065.900] (II) event15 - ALPS01:00 0911:5288 Touchpad: device is a touchpad
[ 36065.901] (II) event4  - Intel HID events: is tagged by udev as: Keyboard
[ 36065.901] (II) event4  - Intel HID events: device is a keyboard
...
```

❶ tailを使ってログファイルの最後を表示している。-fオプションは、フォローする、自動更新する、という意味で、ファイルが更新されると、リアルタイムで更新分が出力される。

最後に、この節では日付と時刻の扱いについて見ていきます。

3.1.4.5　日付と時刻の扱い

dateコマンドはユニークなファイル名を生成するのにも使えます。UNIXタイムスタンプ（https://en.wikipedia.org/wiki/Unix_time）を含むさまざまな形式の日付を生成したり、異なる日付と時刻の形式に変換したりします。

```
$ date +%s ❶
1629582883

$ date -d @1629742883 '+%m/%d/%Y:%H:%M:%S' ❷
08/21/2021:21:54:43
```

❶ 現在時刻に対応するUNIXタイムスタンプを作成。

❷ 現在時刻に対応するUNIXタイムスタンプを読みやすい日付に変換。

UNIX エポック時間

UNIXエポック時間（または単にUNIX時間）は、1970年1月1日00:00:00から経過した秒数です。UNIX時間は、1日をちょうど86,400秒としています。

　UNIX時間を符号付き32ビット整数の変数を扱うと、2038年1月19日でカウンタがオーバーフローする問題があります。これは、いわゆる2038年問題（https://en.wikipedia.org/wiki/Year_2038_problem）です。
　オンラインコンバータ（https://www.epochconverter.com/）では、UNIX時間と日時の変換ができます。

　これでシェルの基本の節を終了します。ここまでで、ターミナルやシェルとは何か、そしてそれらを使ってファイルシステムを移動したり、ファイルを探したりといった基本的な作業を行う方法について、十分に理解できたと思います。次は、使いやすいシェルのトピックに移ります。

3.2　使いやすいシェル

　bashシェル（https://en.wikipedia.org/wiki/Bash_(Unix_shell)）は今でも広く使われているシェルだと思われますが、だからと言って現在でも使いやすいシェルとは言えません。bashは1980年代後半に生まれたため、ときどき古臭さを感じることがあります。bashの代わりに、次世代の使いやすいシェルを評価し、使用することをお勧めします。
　ここでは、まずfishシェルと呼ばれるモダンで使いやすいシェルの具体例を詳しく紹介し、その後、選択肢の広さを確認するために、他のシェルについても簡単に説明します。最後は「**3.2.4　どのシェルを使うべきか？**」でのアドバイスとまとめをもって、この節を締めくくります。

3.2.1　fishシェル

　fishシェル（https://fishshell.com/）は、スマートで使いやすいコマンドラインシェルであるとfishプロジェクトは主張しています。まずは基本的な使い方を説明し、その後に設定に関するトピックを扱います。

3.2.1.1　基本的な使い方

　日常的な作業では、入力操作でbashとの大きな違いを感じることはありません。**表3-2**で示したコマンドはほとんどが使えます。ただし、bashと比較した場合、fishには便利なことが2つあります。

明示的に履歴管理をする必要がない
　コマンドを入力すると、そのコマンドの以前の実行履歴が自動的に一覧表示される。上下キーで選択することによって好きなものを再実行することができる（**図3-4**参照）。

自動補完
　fishシェルはTabキーを押すと、そのコマンド、引数、またはパスを補完する。コマンドを認識できない場合は、入力を赤色にするなど、視覚的にヒントを示す（**図3-5**参照）。

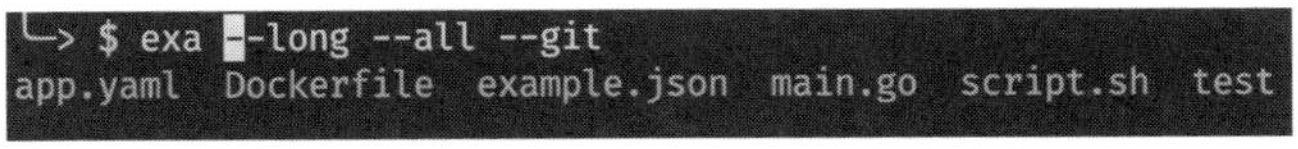

図3-4　fishの操作中における履歴管理

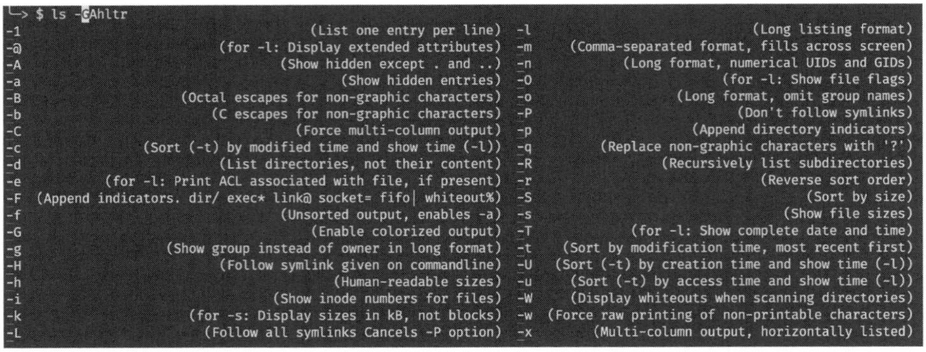

```
  → $ ls -Ahltr
-1                           (List one entry per line)   -l                          (Long listing format)
-@                 (for -l: Display extended attributes)  -m   (Comma-separated format, fills across screen)
-A                       (Show hidden except . and ..)    -n        (Long format, numerical UIDs and GIDs)
-a                             (Show hidden entries)       -O                      (for -l: Show file flags)
-B               (Octal escapes for non-graphic characters) -o         (Long format, omit group names)
-b                   (C escapes for non-graphic characters) -P                    (Don't follow symlinks)
-C                         (Force multi-column output)     -p               (Append directory indicators)
-c           (Sort (-t) by modified time and show time (-l)) -q  (Replace non-graphic characters with '?')
-d                      (List directories, not their content) -R        (Recursively list subdirectories)
-e        (for -l: Print ACL associated with file, if present) -r              (Reverse sort order)
-F   (Append indicators. dir/ exec* link@ socket= fifo| whiteout%) -S             (Sort by size)
-f                    (Unsorted output, enables -a)        -s                       (Show file sizes)
-G                         (Enable colorized output)       -T         (for -l: Show complete date and time)
-g        (Show group instead of owner in long format)     -t   (Sort by modification time, most recent first)
-H             (Follow symlink given on commandline)       -U    (Sort (-t) by creation time and show time (-l))
-h                        (Human-readable sizes)           -u    (Sort (-t) by access time and show time (-l))
-i                  (Show inode numbers for files)         -W    (Display whiteouts when scanning directories)
-k       (for -s: Display sizes in kB, not blocks)         -w  (Force raw printing of non-printable characters)
-L             (Follow all symlinks Cancels -P option)     -x    (Multi-column output, horizontally listed)
```

図3-5　fishの操作中における自動補完

　表3-3に、よく使うfishコマンドをいくつか挙げました。この中で、特に環境変数の扱いには注意してください。

表3-3　fishシェルリファレンス

内容	コマンド
値VALの環境変数KEYをエクスポート	set -x KEY VAL
環境変数KEYを削除	set -e KEY
インライン環境変数KEYをcmdコマンドに適用	env KEY=VAL cmd
パスの長さを示すグローバル変数の値を1に変更	set -g fish_prompt_pwd_dir_length 1
略語の管理	abbr
関数の管理	functions または funcd

　他のシェルとは異なり、fishにおいて最後のコマンドの終了ステータスは$?ではなく、$statusです。
　bashから移行の際は、fish FAQ（https://fishshell.com/docs/current/faq.html）を参照するとよいでしょう。

3.2.1.2　設定
　fishシェルの設定（https://fishshell.com/docs/current/index.html#configuration）を行うには、単にfish_configコマンドを入力します（使用するディストリビューションによってはbrowseサブコマンドを追加する必要があります）。そうするとfishを設定するためのウェブサーバが起動して、http://localhost:8000からアクセス可能になります。このときこのサイトにアクセスするためのウェブブラウザも自動的に起動します。ブラウザには**図3-6**に示すようなUIが表示され、設定の確認、変更ができます。

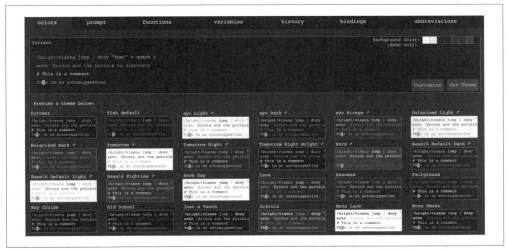

図3-6 ブラウザでの**fish**シェル設定

 コマンドラインナビゲーションのキーバインドをviやEmacs（デフォルト）に切り替えるには、`fish_vi_key_bindings`を使ってviモードにし、`fish_default_key_bindings`でEmacsにリセットします。この変更はすべてのアクティブなシェルセッションですぐに反映されます。

それでは、私の環境を例として紹介します。まずは設定ファイル`config.fish`を見てみましょう。

```
set -x FZF_DEFAULT_OPTS "-m --bind='ctrl-o:execute(nvim {})+abort'"
set -x FZF_DEFAULT_COMMAND 'rg --files'
set -x EDITOR nvim
set -x KUBE_EDITOR nvim
set -ga fish_user_paths /usr/local/bin
```

次は`fish_prompt.fish`で定義したプロンプトです。

```
function fish_prompt
    set -l retc red
    test $status = 0; and set retc blue

    set -q __fish_git_prompt_showupstream
    or set -g __fish_git_prompt_showupstream auto

    function _nim_prompt_wrapper
        set retc $argv[1]
        set field_name $argv[2]
        set field_value $argv[3]

        set_color normal
        set_color $retc
```

```
        echo -n ' ─ '
        set_color -o blue
        echo -n '['
        set_color normal
        test -n $field_name
        and echo -n $field_name:
        set_color $retc
        echo -n $field_value
        set_color -o blue
        echo -n ']'
    end

    set_color $retc
    echo -n ' ┬─ '
    set_color -o blue
    echo -n [
    set_color normal
    set_color c07933
    echo -n (prompt_pwd)
    set_color -o blue
    echo -n ']'
     # Virtual Environment
    set -q VIRTUAL_ENV_DISABLE_PROMPT
    or set -g VIRTUAL_ENV_DISABLE_PROMPT true
    set -q VIRTUAL_ENV
    and _nim_prompt_wrapper $retc V (basename "$VIRTUAL_ENV")

    # git
    set prompt_git (fish_git_prompt | string trim -c ' ()')
    test -n "$prompt_git"
    and _nim_prompt_wrapper $retc G $prompt_git

    # New line
    echo

    # Background jobs
    set_color normal
    for job in (jobs)
        set_color $retc
        echo -n ' | '
        set_color brown
        echo $job
    end
    set_color blue
    echo -n ' └─> '
        set_color -o blue
    echo -n '$ '
```

```
    set_color normal
  end
```

　この定義により**図3-7**のようなプロンプトが表示されます。Gitリポジトリを含むディレクトリと含まないディレクトリの違いがポイントです。これは、作業効率を上げる視覚的な仕組みです。また、右端に現在の時刻が表示されます。

図3-7　fishシェルのプロンプト

　次はアブリビエーション（他のシェルではalias）です。

```
$ abbr
abbr -a -U -- :q exit
abbr -a -U -- cat bat
abbr -a -U -- d 'git diff --color-moved'
abbr -a -U -- g git
abbr -a -U -- grep 'grep --color=auto'
abbr -a -U -- k kubectl
abbr -a -U -- l 'exa --long --all --git'
abbr -a -U -- ll 'ls -GAhltr'
abbr -a -U -- m make
abbr -a -U -- p 'git push'
abbr -a -U -- pu 'git pull'
abbr -a -U -- s 'git status'
abbr -a -U -- stat 'stat -x'
abbr -a -U -- vi nvim
abbr -a -U -- wget 'wget -c'
```

　新しいアブリビエーションの追加は、`abbr --add`です。アブリビエーションは引数を取らない単純なコマンドで便利です。しかし、もっと複雑な構文で短縮したい場合、例えば、引数を取るgitを含むコマンドシーケンスを短くしたいとします。これにはfishの関数を使用します。

　それでは、次のc.fishに定義されている関数を見てみましょう。定義されている関数の一覧を表示するには`functions`コマンドを、新しい関数を作成するには`function`コマンドを使います。そしてこの場合は`function c`として`c`関数を次のように定義しました。

```
function c
    git add --all
    git commit -m "$argv"
end
```

　これで、fishの節は終わりです。では、他のモダンなシェルについて簡単に紹介します。

3.2.2 Zシェル

Z-shell（Zシェル、https://zsh.sourceforge.io/Doc/）またはzshは bashに似たシェルで、強力な補完（http://bewatermyfriend.org/p/2012/003/）システムと豊富なテーマをサポートしています。Oh My Zsh（https://ohmyz.sh/）を利用すると簡単に設定でき、bashとの高い後方互換性を持ちつつ、zshをfishと同じように使用できます。

zshは次に示す5つの起動ファイルを使用します（$ZDOTDIRが未設定の場合は、代わりに$HOMEが使用されます）。

```
$ZDOTDIR/.zshenv ❶
$ZDOTDIR/.zprofile ❷
$ZDOTDIR/.zshrc ❸
$ZDOTDIR/.zlogin ❹
$ZDOTDIR/.zlogout ❺
```

❶ シェルのすべての起動で読み込まれる。検索パスを設定するコマンドや、その他の重要な環境変数を含むべきファイルとなっている。しかし、出力のあるコマンドや、シェルがttyとの接続を前提とするコマンドを含んではいけない。

❷ 設定ファイルの名前が.profileであるkshファンのために後述の.zloginの代わりに使えるファイル（この2つの共存は意図されていない）。.zloginと似ているが、.zshrcより前に読み込まれる点が異なる。

❸ 対話型シェルで読み込まれる。エイリアス、関数、オプション、キーバインディングなどの設定コマンドの定義が書かれることを想定している。

❹ ログインシェルで読み込まれる。ログインシェルでのみ実行されるべきコマンドが記載されたファイル。なお、.zloginはエイリアス定義、オプション、環境変数設定などを入れる場所ではない。

❺ ログインシェルが終了したときに読み込まれる。

訳者補
.zprofileと.zloginはほぼ同じものです。混乱や設定ミス防止のため、特別な理由がない限りは両ファイルを使用するのは避けた方がよいでしょう。ただしStartup Files（https://zsh.sourceforge.io/Intro/intro_3.html）にもあるように、禁止ではなく、一緒に使っても問題はありません。

その他のzshプラグインについては、awesome-zsh-pluginsのGitHubリポジトリ（https://github.com/unixorn/awesome-zsh-plugins）を参照してください。zshを学びたいのであれば、Paul FalstadとBas de Bakkerによる「An Introduction to the Z Shell」（https://www.ecb.torontomu.ca/guides/zsh-intro.pdf）を読んでみてください。

3.2.3 他のモダンなシェル

fishとzsh以外にも、必ずしもbashとの互換性はありませんが、特徴的なシェルがたくさんあります。それぞれのシェルが何に重点を置いているのか、特徴を確認しておきましょう。またそのシェルのコミュニティがどれだけ活発かも参考にします。活発であれば多くのサポートがあり、発展が期待できると判断してよいでしょう。

　　Linux 用のモダンなシェルの例としては、以下のようなものがあります。

Oil シェル（https://www.oilshell.org）
　　Python と JavaScript のユーザを主な対象にしている。言い換えると、対話的な使用よりもスクリプト
　　に重点を置いている。

murex（https://murex.rocks）
　　POSIX シェルで、統合テストフレームワーク、型付きパイプライン、イベント駆動型プログラミング
　　などの機能を備えている。

Nushell（https://www.nushell.sh）
　　実験的な新しいタイプのシェルで、強力なクエリ言語による表形式出力が特徴。詳しくは Nu Book
　　（https://www.nushell.sh/book/）を参照。

PowerShell（https://github.com/powershell/powershell）
　　Windows PowerShell のフォークとして始まったクロスプラットフォームのシェルで、POSIX シェル
　　とは異なるセマンティクスとインタラクションのセットを提供する。

　　他にもたくさんの選択肢があります。自分に一番合うものを探し続けてください。bash を超えるものに
いつか出会えると信じて、自身のユースケースの最適化を継続してください。

3.2.4　どのシェルを使うべきか？

　　現時点では、bash 以外のすべてのモダンなシェルは、操作性の観点から良い選択のように思われます。
スムーズな自動補完、簡単な設定、スマートな環境は 2022 年となって特別に贅沢なものではありませんし、
コマンドラインに費やす時間を考えると、さまざまなシェルを試してみて、最も適したものを選ぶべきです。
私は fish シェルを使っていますが、同僚の多くは Z シェルに満足しています。

　　以下のような問題により、bash から別のシェルへの移行が躊躇されることがあります。

- リモートシステムに、対象のシェルをインストールできない。
- 互換性やマッスルメモリ（無意識に操作できる程度に染みついている記憶）のために bash を使い
  続けている。習慣を捨て、新しい操作などを覚え直すことは大変である。
- ウェブサイトや書籍などにおけるほとんどのコマンド実行例が（暗黙のうちに）bash を前提にして
  いる。例えば、export FOO=BAR は bash に特有の命令である。

　　このような問題は、ほとんどのユーザには関係ないかもしれません。一時的にリモートシステムで bash
を使う必要があるかもしれませんが、ほとんどの場合、カスタマイズが可能な自身の開発環境にインストー
ルし、作業することになります。学習して使いこなすまでに時間はかかりますが、長い目で見ればメリット
が上回るでしょう。

　　それを踏まえて、ターミナルでの生産性を高めるもう 1 つの方法、マルチプレクサを説明します。

3.3　ターミナルマルチプレクサ

　　この章の最初の「3.1.1　ターミナル」でターミナルについて説明しました。ここでは、ターミナルの使

い方のさらなる改善について、シンプルかつ強力な概念である「マルチプレクサ（多重化)」を深く掘り下げていきましょう。

日々の作業で、グループ化できるものの異なる作業に取り組んでいる、という立場であるとします。例えば、オープンソースのプロジェクトに取り組む、ブログ記事やドキュメントを作成する、サーバにリモートからアクセスする、HTTP APIとやり取りして評価する、などがあります。これらのタスクはそれぞれ複数のターミナルウィンドウを必要とする場合があり、潜在的に相互に依存するタスクを2つのウィンドウで同時に行いたい、または行う必要がある、というのはよくあります。

例えば具体的には次のようなことが考えられます。

- watchコマンドを使用して、定期的にディレクトリの一覧を表示し、同時にファイルを編集している場合。
- サーバプロセス（ウェブサーバやアプリケーションサーバ）を起動し、ログを監視するためにフォアグラウンドで動作させたい場合（「**3.1.2.5　ジョブ制御**」も参照）。
- viを使ってファイルを編集し、同時にgitを使ってステータスの確認や変更のコミットを行いたい場合。
- パブリッククラウド上で動作している仮想マシンにsshでアクセスし、自分のデータを保持するファイルはローカルで管理する場合。

これらの例はすべて、論理的に同じ性質なもので、時間的には短期間（数分）から長期的（数日、数週間）なものであると考えられます。このようなタスクの集まりを、通常「セッション」と呼びます。

セッションを一元管理するために、いくつかやりたいことがあります。

- 複数のウィンドウが必要なので、複数のターミナルを起動するか、UIが対応していれば複数のインスタンス（タブ）を起動したい。
- ターミナルを閉じたり、リモート側が終了しても、すべてのウィンドウとパスを保持したい。
- すべてのセッションの外観を維持し、それらの間を移動できるようにしながら、特定のタスクに集中するために、拡大/縮小したい。

このような作業を可能にするために、ターミナルに複数のウィンドウ（およびウィンドウをグループ化するためのセッション）を重ねる、つまりターミナル画面のマルチプレクサ（多重化）が考案されました。

ターミナルマルチプレクサの最初の実装であるscreenを簡単に見てみましょう。それから、広く使われているtmuxに焦点を当て、この分野における他のオプションについてまとめます。

3.3.1　screen

screen（https://www.gnu.org/software/screen/）は最初に開発されたターミナルマルチプレクサで、今でも使われています。他に何も利用できないリモート環境や、他のマルチプレクサをインストールできないなどの理由がない限り、あまりscreenを使用するべきではありません。理由として、現在は活発にメンテナンスされていないこと、さらに柔軟性に乏しく、モダンなターミナルマルチプレクサが持つ多くの機能がないことが挙げられます。

イルを保存したときに適用されます。shell項目の設定では、ターミナルマルチプレクサ（tmux）と私が使用しているシェル（fish）の統合を定義しており、以下のようになっています。

```
...
shell:
  program: /usr/local/bin/fish
  args:
  - -l
  - -i
  - -c
  - "tmux new-session -A -s zzz"
...
```

Alacrittyのデフォルトシェルとしてfishを設定していますが、さらにターミナルを起動したときに、自動的に特定のセッションにアタッチされるようにしています。プラグインのtmux-continuumと合わせると、安心です。誤ってコンピュータの電源を切っても、再起動すれば、シェル変数と、すべてのセッション、ウィンドウ、ペインが（ほぼ）再起動前の状態に復旧されます。

3.3.4　どのマルチプレクサを使うべきか？

　シェルとは異なり、ターミナルマルチプレクサにtmuxを使う具体的な理由としては、成熟しており、安定して動作し、多くのプラグインがあるなど機能が豊富で、柔軟性があるためです。多くの人が使っているため、たくさんの資料がありますし、ヘルプもあります。他のマルチプレクサは面白いのですが、比較的新しかったり、screenのように、もはやモダンとは言えなかったりします。

　これで、ターミナルやシェルの使い勝手を良くし、タスクを高速化し、全体の流れをスムーズにするのに、ターミナルマルチプレクサの使用を検討するように読者を説得できていれば嬉しく思います。

　さて、この章の最後のトピック、シェルスクリプトによるタスクの自動化に進みます。

3.4　スクリプト

　前節では、シェルの手動で対話的な使い方に焦点を当てました。プロンプト上であるタスクを繰り返し手動で実行しているなら、そのタスクは自動化するべきです。そこでスクリプトの出番です。

　ここでは、bashのスクリプトに焦点を当てます。これには2つの理由があります。

- 世の中のほとんどのスクリプトはbashで書かれており、bashスクリプトの例やヘルプがたくさんある。
- ターゲットとなるシステムでbashが利用できる可能性が高いので、潜在的なユーザ基盤が大きくなる。

　始める前に少し説明しておくと、世の中には数千行のコードを持つシェルスクリプトが存在します（https://oreil.ly/0oWzI）。もし大規模なスクリプトを書いているのなら、PythonやRubyなどの方が適切かを検討してください。

ここでは短いものの参考になると思われるサンプルを作り、その過程でグッドプラクティス（よい実践方法）を用います。サンプルでは、あるユーザのGitHubハンドル名を指定すると、そのユーザのフルネームといつアカウントを作ったのかを表示する作業を自動化したいとします。出力は以下のようなイメージです。

```
XXXX XXXXX joined GitHub in YYYY
```

この作業をスクリプトで自動化するには、まず基本的なことから始め、移植性を確認し、スクリプトの「ビジネスロジック」へと進んでいきます。

3.4.1　スクリプトの基本

シェルの対話的な操作を通して、関連する用語やテクニックのほとんどを理解しておく必要があります。変数、ストリームとリダイレクト、一般的なコマンドに加えて、知っておきたいスクリプト特有なことがいくつかありますので、それらを復習しておきましょう。

3.4.1.1　高度なデータ型

シェルは通常、すべてを文字列として扱います。したがって、複雑な数値処理は、シェルスクリプトを使用しない方がよいでしょう。一方で配列のような高度なデータ型もサポートされています。

では、実際に配列を見てみましょう。

```
os=('Linux' 'macOS' 'Windows') ❶
echo "${os[0]}" ❷
numberofos="${#os[@]}" ❸
```

❶ 3つの要素の配列を定義。

❷ 1つ目の要素にアクセスしている。ここでLinuxと出力される。

❸ 配列の長さを取得。numberofosは3となる。

3.4.1.2　フロー制御

フロー制御は、スクリプトの中で分岐（if）や、繰り返し（forやwhile）を行い、ある条件で実行させることができます。

フロー制御の使用例をいくつか紹介します。

```
for afile in /tmp/* ; do ❶
  echo "$afile"
done

for i in {1..10}; do ❷
    echo "$i"
done

while true; do
  ...
done ❸
```

❶ ディレクトリを走査してディレクトリ内に存在するファイルの名前を表示する基本的なループ
❷ 所定の範囲の数値に対するループ
❸ 無限ループ、Ctrl + Cでループを抜ける

3.4.1.3　関数

関数を使うと、モジュール化された再利用可能なスクリプトを書くことができます。シェルはスクリプトを上から下へ解釈するので、使用する前に関数を定義する必要があります。

次は簡単な関数の例です。

```
sayhi() { ❶
    echo "Hi $1 hope you are well!"
}

sayhi "Michael" ❷
```

❶ 関数の定義：パラメータは $n で暗黙のうちに渡される
❷ 関数の呼び出し：出力は「Hi Michael hope you are well!」になる

3.4.1.4　高度な I/O

readを使用すると、stdinからユーザ入力を読み込むことができます。例えば、オプションのメニューのような実行時に入力を要求することができます。さらに、echoを使うよりも、色を含めて出力を制御できるprintfも検討してください。なおprintfはechoよりも移植性が高いです。

以下は、高度なI/Oの使用例です。

```
read name ❶
printf "Hello %s" "$name" ❷
```

❶ ユーザ入力から値を読み取る
❷ 前のステップで読み取った値を出力

他にも、シグナルとトラップ（https://oreil.ly/JsV1v）のような、より高度な仕組みを利用できますが、ここでは、スクリプトのトピックの概要と導入のみとします。その他については、すべての構成要素の包括的なリファレンスとして、Bash scripting cheatsheet（https://devhints.io/bash）を紹介します。真剣にシェルスクリプトを書くなら、Carl Albing、JP Vossen、Cameron Newhamによる *bash Cookbook*（https://oreil.ly/0jEt9、邦題『bashクックブック』、オライリー・ジャパン、2008）を読むことをお勧めします。参考として使える素晴らしい簡単な例がたくさん含まれています。

3.4.2　移植性の高いbashスクリプトの書き方

bashで移植性の高いスクリプトを書くとはどういうことか、これから解説します。では、移植性が高いとはどういう意味なのでしょうか？

「3.1.2　シェル」の冒頭で説明した「POSIX」をもとに考えてみます。「移植性」と言ったのは、スクリプトが実行される環境について、暗黙的あるいは明示的にあまり多くの想定をしていないことを意味します。

スクリプトの移植性が高ければ、さまざまなシステム（シェル、Linuxディストリビューションなど）で実行できます。

　しかし、シェルの種類（ここではbash）が同じでも、異なるバージョンですべての機能が同じように動作するとは限りません。結局のところ、スクリプトをテストできる環境がいくつか必要ということになります。

3.4.2.1　スクリプトの実行

　スクリプトはどのように実行されるのでしょうか？まず最初に、スクリプトは単なるテキストファイルです。拡張子は重要ではありませんが、慣習として.shが使われます。しかし、テキストファイルをシェルで実行可能なスクリプトにするために、2つのことが必要です。

- テキストファイルの先頭行で**シバン**（https://linuxize.com/post/bash-shebang/、または**ハッシュバング**）と呼ばれる#!を使って、インタプリタを宣言する必要があります（この後のテンプレートの1行目を参照）。
- テキストファイルに実行権限を付与する。例えばスクリプトファイルに対してchmod +xを実行して、ファイルが実行可能な状態にする。ただしこれは誰でも実行できる設定なので、chmod 750で最小権限を与えるのが理想。これはユーザとグループだけに実行を許可する。このトピックについては**「4章　アクセス制御」**で詳細を説明する。

　基本がわかったところで、参考として使える具体的なテンプレートを見てみましょう。

3.4.2.2　スケルトンテンプレート

　次に示すのは、移植性の高いbashシェルスクリプトのテンプレートです。

```
#!/usr/bin/env bash ❶
set -o errexit ❷
set -o nounset ❸
set -o pipefail ❹

firstargument="${1:-somedefaultvalue}" ❺

echo "$firstargument"
```

❶ ハッシュバング（https://en.wikipedia.org/wiki/Shebang_(Unix)）で、このスクリプトにはbashを使用するとプログラムローダに指示している。

❷ エラーが起きたときにスクリプトの実行を停止させる。

❸ 設定されていない変数をエラーとして扱う（これにより、スクリプトがエラーメッセージを出さずに失敗することが少なくなる）。

❹ パイプの一部が失敗したら、パイプ全体が失敗したとみなすようにしている。これにより、エラーメッセージを出さずに失敗することを防ぐ。

❺ デフォルト値を持つコマンドラインパラメータの例。

　このテンプレートは、後ほどGitHubのユーザ情報スクリプトを実装するときに使用します。

3.4.2.3 グッドプラクティス

ベストプラクティスではなくグッドプラクティスとしているのは、何をすべきかは状況やどこまでやるかによるからです。自分自身のために書くスクリプトと、何千人ものユーザに配布するスクリプトでは異なりますが、一般的に、スクリプトを書くときのハイレベルなグッドプラクティス（良い習慣）は次の通りです。

Fail fast and loud（素早く声を上げて失敗する）

errexit や pipefail などがこれを実現してくれる。bash はデフォルトでエラーメッセージを出さずに失敗する傾向があるので、すみやかに失敗することは基本的に良い考えである。

訳者補

bash のデバッグには -x オプションがよく使われます。sh -x ./script_file.sh のように実行すると、スクリプト実行のトレースが出力されます。エラーメッセージを出さずに失敗する問題が再現する場合に -x で実行すると便利です。

機密情報

パスワードのような機密情報をスクリプトにハードコードしてはいけない。そのような情報は、ユーザの入力や API の呼び出しにより、実行時に提供されるべきである。また、ps はプログラムのパラメータなど表示してしまう。これも機密情報が漏えいする可能性があるので、考慮すること。

入力のサニタイズ

可能な限り、変数にデフォルト値を設定するようにすること。また、ユーザや他から受け取った入力をサニタイズ（正常なデータに処理）すること。例えば、変数が設定されていないために、問題ないように見える rm -rf "$PROJECTHOME/"* が、誤ってディスク全体を消去してしまうことがないように（PROJECTHOME 変数が空の場合は「/」以下をすべて消去しようとする）、read コマンド経由で提供または対話的に取り込まれたパラメータを使用する。

依存関係の確認

ビルトインコマンドでない限り、またはターゲット環境が明確ではない限り、ツールやコマンドが利用可能であると仮定しないこと。手元の開発マシンに curl がインストールされていても、ターゲットマシンにインストールされているとは限らない。可能であれば、代替手段を用意すること。例えば、curl がない場合は、バックアッププランとして wget を使用する。

エラー処理

スクリプトが失敗したとき（「もし」ではなく、「いつ」「どこで」の問題）、ユーザに対して対処可能な内容を提供すること。例えば、Error 123 ではなく、Tried to write to /project/xyz/ but seems this is read-only for me（/project/xyz/ に書き込みをしたが、このユーザでは読み込み専用の可能性がある）のように、何が失敗したのか、どうすればユーザがその状況を解決できるのかを説明する。

訳者補

エラーメッセージには注意が必要です。環境変数をエラーメッセージに入れたり、コマンド入力がエラーとなった場合にコマンドのヘルプメッセージを出力したり、認証に失敗したこと示すエラー出力などは攻撃者にとってヒントとなる可能性があります。セキュアな実装では Error 123 のような開発者だけがわかるようなメッセージの方が良い場合があります。

ドキュメンテーション

　　スクリプトの主要なブロックはインラインでドキュメント化し（# Some doc hereを使用）、読みやすさと差分表示のために80カラムの幅にこだわるようにする。

バージョン管理

　　Gitを使って、スクリプトをバージョン管理することを検討する。

テスト

　　スクリプトの**lint**（文法チェックやコード解析）と**テスト**を実施する。これは非常に重要なので、次の節でより詳しく説明する。

　それでは、スクリプトの開発時に文法チェックを実行し、配布する前にテストを行うことで、スクリプトの品質を上げることに取りかかりましょう。

3.4.3　スクリプトのlintとテスト

　開発中にスクリプトのチェックやlintを実行し、コマンドや命令が正しく使われているかを確認すると便利です。これにはShellCheck（https://oreil.ly/Z3blD）というプログラムがあり、スクリプトの誤りを指摘、警告をします。ShellCheckはダウンロードしてローカルにインストールもできますし、shellcheck.net（https://www.shellcheck.net/）でオンライン版を利用することもできます。**図3-10**はそのオンライン版のスクリーンショットです。また、shfmt（https://github.com/mvdan/sh）を使ってスクリプトをフォーマットすることも検討してください。これはshellcheckが指摘する問題を自動的に修正します。

図3-10　オンラインのShellCheckツールのスクリーンショット

bats（https://github.com/sstephenson/bats）はBash Automated Testing Systemの略で、テストケースのための特別な構文を持つbashスクリプトとして、テストファイルを定義できます。各テストケースは単に説明付きのbash関数で、通常、CIパイプラインの一部として、例えばGitHubのアクションとしてこれらのスクリプトを呼び出すことになります。

訳者補
CI（Continuous Integration）とは、継続的インテグレーションと呼ばれ、コードの変更時や定期的に、自動でビルド、単体テストまでを実施する手法のことです。CIパイプラインとはCIにおける一連のステップです。

それでは、スクリプトの書き方やlint、テストなどのグッドプラクティスを実践してみましょう。本節の冒頭で説明したスクリプトの例を実装してみましょう。

3.4.4　GitHubのユーザ情報スクリプト

この例では、これまでのテクニックやツールをすべて使ってGitHubユーザハンドル名を受け取り、そのユーザが何年に参加したのかと、フルネームを出力するスクリプトを実装します。

グッドプラクティスを考慮した実装のサンプルは次のようになります。以下の内容をgh-user-info.shというファイルに保存し、実行可能な状態にしてください。

```
#!/usr/bin/env bash

set -o errexit
set -o errtrace
set -o nounset
set -o pipefail

### Command line parameter:
targetuser="${1:-mhausenblas}" ❶

### Check if our dependencies are met:
if ! [ -x "$(command -v jq)" ]
then
  echo "jq is not installed" >&2
  exit 1
fi

### Main:
githubapi="https://api.github.com/users/"
tmpuserdump="/tmp/ghuserdump_$targetuser.json"

result=$(curl -s $githubapi$targetuser)
echo $result > $tmpuserdump                      ❷

name=$(jq .name $tmpuserdump -r) ❸
created_at=$(jq .created_at $tmpuserdump -r)
```

```
joinyear=$(echo $created_at | cut -f1 -d"-") ❹
echo $name joined GitHub in $joinyear ❺
```

❶ ユーザによる引数の指定がなかった場合のデフォルト値を指定。

❷ curlを使ってGitHub API（https://docs.github.com/en/rest）にアクセスし、ユーザ情報のJSONファイルをダウンロードし、一時ファイルに保存。

❸ jqを使って、必要なフィールドを取り出している。create_atフィールドは、"2009-02-07T16:07:32Z"のような形式となる。

❹ cutを使用して、JSONファイルのcreated_atフィールドから年だけ（2009）を抽出。

❺ 出力メッセージを整形して、画面に出力。

それではデフォルトの動作を見てみましょう。

```
$ ./gh-user-info.sh
Michael Hausenblas joined GitHub in 2009
```

これで、プロンプト上で対話的にシェルを使う、あるいはスクリプトを書くことができるようになったと思います。最後に、gh-user-info.shスクリプトについて以下のことを考えましょう。

- GitHub APIが返すJSON blobが無効だった場合にどうするか？ 500 HTTPエラーが発生したらどうするか？ユーザがどうすることもできない場合は、「try later」のようなメッセージを出力する方が良いかもしれない。
- スクリプトを動作させるためには、ネットワークアクセスが必要だが、そうでなければcurlの呼び出しは失敗する。ネットワークアクセスができない場合、どうするか？ネットワークアクセスができないことをユーザに知らせ、ネットワークのチェックを促す提案をするのも1つの方法かもしれない。
- 例えば、ここでは暗黙のうちにcurlがインストールされていると仮定しているが、バイナリを変数にしてwgetにフォールバックを追加できないか？
- 使い方のヘルプを追加するのはどうか？スクリプトの引数に-hまたは--helpを設定した場合、具体的な使用例と、ユーザが使用できるオプション（理想的には、デフォルト値も含む）を示すとよいだろう。

このスクリプトは出来栄えもよく、ほとんどの場合で動作しますが、スクリプトをより充実させたり、対処可能なエラーメッセージを提供したりするなど、改善できる点は多くあります。bashing（https://github.com/xsc/bashing）、rerun（https://github.com/rerun/rerun）、rr（https://taarr.com/）などモジュール性を向上させる便利なフレームワークがあります。これらの利用も検討するとよいでしょう。

3.5 まとめ

この章では、テキストユーザインタフェースであるターミナルでLinuxを操作することに焦点を当てました。シェルの用語について説明し、シェルの基本的な使い方をハンズオンで紹介しました。また、一般的なタスクと、あるコマンドのモダンなバリエーション（例えばlsではなくexa）を使ってシェルの生産性を向

上させる方法について確認しました。

　次に、現代に合った使いやすいシェル、特にfishについて、その設定方法と使用方法を説明しました。さらに、ターミナルのマルチプレクサについて、tmuxを実例として取り上げ、ローカルやリモートの複数のセッションでの作業を可能にしました。モダンなシェルやマルチプレクサを使用することで、コマンドラインでの作業効率が向上するため、導入の検討を強くお勧めします。

　最後に、安全で移植性の高いシェルスクリプトで作業を自動化し、当該スクリプトのlintとテストを含めて説明しました。シェルは事実上コマンドインタプリタであり、他の言語と同様、練習が必要です。とはいえ、コマンドラインからLinuxを使う基本が身についたので、組み込みシステムであれクラウドVMであれ、世の中のLinuxベースのシステムの大半を扱うことができます。いずれにせよ、ターミナルから、対話的に、あるいはスクリプトを実行してコマンドを実行できます。

　この章で取り上げたトピックをさらに深く学ぶには、以下のリソースも参照してください。

ターミナル

- 「Anatomy of a Terminal Emulator」（https://oreil.ly/u2CFr）
- 「The TTY Demystified」（http://www.linusakesson.net/programming/tty/）
- 「The Terminal, the Console and the Shell—What Are They?」（https://oreil.ly/vyVAV）
- 「What Is a TTY on Linux? (and How to Use the tty Command)」（https://oreil.ly/E0EGG）
- 「Your Terminal Is Not a Terminal: An Introduction to Streams」（https://oreil.ly/xIEoZ）

シェル

- 「Unix Shells: bash, fish, ksh, tcsh, zsh」（https://hyperpolyglot.org/unix-shells）
- 「Comparison of Command Shells」（https://oreil.ly/RQfS6）
- 「bash vs zsh」（redditのスレッド、https://oreil.ly/kseEe）
- 「Ghost in the Shell—Part 7—ZSH Setup」（https://oreil.ly/1KGz6）

ターミナルマルチプレクサ

- 「A tmux Crash Course」（https://thoughtbot.com/blog/a-tmux-crash-course）
- 「A Quick and Easy Guide to tmux」（https://oreil.ly/0hVCS）
- 「How to Use tmux on Linux (and Why It's Better Than screen)」（https://oreil.ly/Q75TR）
- *The Tao of tmux*（https://oreil.ly/QDsYI）
- 「tmux 2: Productive Mouse-Free Development」（https://oreil.ly/eO9y2）
- Tmux Cheat Sheet & Quick Referenceウェブサイト（https://tmuxcheatsheet.com/）

シェルスクリプト

- 「Shell Style Guide」（https://google.github.io/styleguide/shellguide.html）
- 「bash Style Guide」（https://github.com/bahamas10/bash-style-guide）
- 「bash Best Practices」（https://bertvv.github.io/cheat-sheets/Bash.html）
- 「bash Scripting Cheatsheet」（https://devhints.io/bash）

　シェルの基本を押さえたところで、次はLinuxのアクセス制御とその実施について説明します。

4章
アクセス制御

前章ではシェルとスクリプトについて概観しました。この章では、Linuxにおける具体的かつ重要なセキュリティの一面に焦点を当てます。ユーザ、およびユーザによるリソースへのアクセス制御について、一般的なことを述べます。ファイルへのアクセス制御については具体的に述べます。

マルチユーザ構成では、所有権の問題がすぐに思い浮かびます。例えば、あるユーザは、あるファイルを所有できます。そのユーザは、そのファイルを読み書き、および削除できます。システム上に他のユーザがいる場合、それらのユーザにはファイルへのアクセスについて何を許可し、許可するアクセスをどのように制御し、かつ、どのようにアクセス制御をするのでしょうか。また、そもそもユーザはファイルアクセスとは別のこともします。例えば、あるユーザがネットワーク関連の設定変更を許可されている（あるいはされていない）かもしれません。

このトピックを理解するために、まず、ユーザ、プロセス、ファイルの基本的な関係をアクセスという観点から見てみましょう。それに加えて、サンドボックスの概念、アクセス制御の種類についても見ていきます。その後に、Linuxにおけるユーザの定義、ユーザは何ができるのか、そしてどうやってユーザを管理するかについて述べます。ユーザの管理についてはローカル環境における管理、ネットワーク越しにアクセス制御用サービスに接続するような中央集権型の管理の両方について述べます。

次にパーミッションについて説明します。この説明ではどのようにファイルへのアクセス制御をするのか、これによってプロセスがどのような影響を受けるかについて見ていきます。

この章では、Linuxにおけるアクセス制御の高度な機能について紹介します。紹介するのはケーパビリティ、seccompプロファイルなどです。最後に、パーミッションとアクセスに関するセキュリティについて、いくつかの役立つ慣習を紹介します。

それでは、リソースの所有権とユーザについてのトピックに入りましょう。このトピックは、この章の残りの部分を理解する上での基礎となります。

4.1 基本

アクセス制御の仕組みを説明する前に、少し話を戻して、このテーマを俯瞰してみましょう。いくつかの用語の意味を明らかにして、かつ、主要な概念同士の関係を明確にするのにこれは役立ちます。

4.1.1　リソースと所有権

　LinuxはマルチユーザのოSであり、UNIXからユーザの概念を継承しています。各ユーザアカウントには、実行ファイル、ファイル、デバイス、その他のLinuxのリソースへのアクセス権限を付与できるユーザIDが関連付けられています。人間のユーザはユーザアカウントでログインでき、プロセスはユーザアカウントによって実行できます。リソースとは、ユーザが利用できるあらゆるハードウェアやソフトウェアコンポーネントのことです。本書では特に断りがなければリソースと書いた場合はファイルを指すと考えてください。例外的に、システムコールなどを介して明示的に他の種類のリソースへのアクセスについて書くこともあります。**図4-1**とそれに続く文章では、Linuxにおけるユーザ、プロセス、ファイルの関係について述べます。

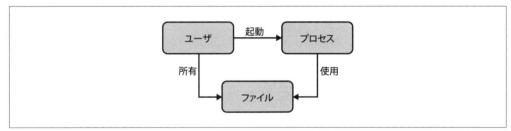

図4-1　**Linux**におけるユーザ、プロセス、ファイル

ユーザ
　　プロセスを起動し、ファイルを所有する。プロセスとは、カーネルがメインメモリにロードして実行するプログラム（実行ファイル）のことを指す。

ファイル
　　デフォルトでは、ファイルを作成したユーザがそのファイルを所有する。

プロセス
　　他のプロセスなどとの通信およびデータの永続化のためにファイルを使用する。もちろんユーザもファイルを使用するが、それはプロセスを介した間接的な使用となる。

　このユーザ、プロセス、ファイルの関係は、もちろん非常に単純化されたものです。しかし、後ほどこれらについて詳しく説明するときに理解の助けとなります。

　どのようにプロセスの権限が制限されているかを知るために、まずはプロセスの実行コンテキストについて見てみましょう。リソースへのアクセスについて話すときに、「サンドボックス化」という用語がよく登場します。

4.1.2　サンドボックス化

　サンドボックス化とは、FreeBSD jail、コンテナ、仮想マシンなどのさまざまな手法を指すことがある、定義があいまいな言葉です。これらはカーネルレベルで管理するものもあれば、ユーザレベルで管理するものもあります。その構成要素は通常、サンドボックスの中で実行される何らかのもの（典型的には何らかのアプリケーション）、および、それらを何らかの方法でサンドボックスをホストする環境から隔離す

る仕組みです。抽象的な説明になってしまいましたが、仮想マシンとコンテナについて扱う際に、「**4.4.2 seccompプロファイル**」と「**9章 高度なトピック**」でサンドボックスが実際に使われる様子を紹介します。

リソース、所有権、そしてリソースへのアクセスについて基本的な理解ができたと思うので、ここからはアクセス制御の概念的な方法について簡単に説明します。

4.1.3 アクセス制御の種類

アクセス制御の1つの側面として、アクセスそのものの性質があります。ユーザまたはプロセスは制約なしに直接リソースにアクセスできることがあります。あるいは、プロセスがどのようなリソース（ファイルやシステムコール）にどのような状況でアクセスできるのかという明確な規則がある場合もあります。あるいは、アクセスした事実が記録されているかもしれません。

アクセス制御にはさまざまな種類があります。ここで最も重要なのは任意アクセス制御と強制アクセス制御です。

任意アクセス制御

任意アクセス制御（DAC）では、ユーザのアイデンティティ（ユーザIDなど）に基づいてリソースへのアクセスを制限する。ある権限を持つユーザは他のユーザにその権限を譲ることができるという意味で、任意という用語が使われている。

強制アクセス制御

強制アクセス制御は、セキュリティレベルを表す階層的なモデルに基づいている。ユーザにはクリアランスレベルが、リソースにはセキュリティラベルが割り当てられる。ユーザは自分のクリアランスレベルと同等またはそれ以下のクリアランスレベルに対応するリソースにのみアクセスできる。強制アクセス制御モデルでは、管理者が厳密に、かつ、排他的にアクセスを制御し、すべての権限を設定する。別の言い方をすると、ユーザは、たとえ自分が所有するリソースであっても、自分自身でアクセス権を設定できない。

また、Linuxは伝統的に「オール・オア・ナッシング」、つまり、ユーザはすべてを変更できるスーパーユーザか、あるいはアクセスが制限された一般ユーザのどちらかであるという考え方です。昔はユーザやプロセスに特定の権限を簡単に、かつ柔軟に割り当てる方法がありませんでした。例えば、一般的に「プロセスXにネットワーク設定の変更を許可する」ためには、そのプロセスを特権ユーザとして実行する必要がありました。これは当然ながらシステムに悪意あるユーザが侵入したときに問題が発生します。悪意あるユーザはプロセスに与えられた特権を簡単に悪用できます。

Linuxの「オール・オア・ナッシング」の考え方を反映して、ほとんどのLinuxシステムでは、ほとんどすべてのファイル（実行可能ファイルを含む）は、あらゆるユーザによって読み出せるようになっています。例えばSELinuxを有効にすると強制アクセス制御により、明示的に許可されたリソースのみにアクセスを制限できます。これによってウェブサーバは、ポート80と443しか使用できないようにする、特定のディレクトリにあるファイルやスクリプトのみを共有する、特定の場所にのみログを書き込む、といったことができるようになります。

モダンなLinuxの機能がどのように、きめ細かな特権の管理を実現しているのかについては「**4.4 高度な権限管理**」で再度取り上げます。

Linuxにおける強制アクセス制御の実装として、おそらく最もよく知られているのがSELinux（https://selinuxproject.org/page/Main_Page）です。SELinuxは米国の政府機関の高いセキュリティ要件を満たすために開発されました。SELinuxは厳しいルールによってユーザビリティが損なわれるため、通常はパーソナルコンピュータなどではなく、政府機関のようなセキュリティ要件が厳しい環境で使用します。SELinux以外の強制アクセス制御機構として、Linuxカーネル2.6.36以降に搭載され、Ubuntu系のLinuxディストリビューションで人気のあるAppArmor（https://www.apparmor.net/）もあります。

では、次にLinuxにおけるユーザとその管理方法について説明します。

4.2　ユーザ

Linuxでは、目的や想定される使い方に基づいて2種類のユーザアカウントがあります。

いわゆるシステムユーザ、またはシステムアカウント
　一般的に、デーモンと呼ばれるプログラムはシステムユーザ権限でバックグラウンドプロセスとして実行する。これらのプログラムはOSの一部であるネットワーク処理（sshdなど）やアプリケーション（例えばよく使われるリレーショナルデータベースmysql）の場合もある。

一般ユーザ
　例えば、シェルを介して対話的にLinuxを使用する人間に対応するユーザのことを指す。

システムユーザと一般ユーザは技術的なものというより、組織形態によって区別します。それを理解するために、まず、Linuxが管理する32ビットの数値であるユーザID（UID）の概念を紹介する必要があります。

LinuxはUIDでユーザを識別し、かつ、グループID（GID）で識別する1つ以上のグループに属しています。UIDが0であるユーザは特別扱いされて、通常rootあるいはスーパーユーザと呼ばれます。この「スーパーユーザ」には何の制約もなく、あらゆる権限を持っています。通常、rootユーザは必要以上の権限を持ってしまうことになるので、このユーザで何かするのは避けたいところです。注意しないと簡単にシステムを破壊できてしまいます。これについては、この章の後半で説明します。

UIDの範囲をどのように管理するかはLinuxのディストリビューションによって異なります。例えば、systemdを使っているディストリビューション（「6.3　systemd」を参照）には次のような慣習（https://oreil.ly/c0DuO）があります（ここでは簡略化しています）。

UID 0
　rootユーザのUID。

UID 1 から 999 まで
　システムユーザ用に予約されている。

UID 65534
　nobodyユーザに対応する。例えば「7.4.4　NFS」ではこのUIDをリモートユーザからのファイルアクセスする際のUIDとして使う。

UID 1000 から 65533、65536 から 4294967294
　通常のユーザのUID。

自分自身の UID を把握するには、id コマンドを次のように使用します。

```
$ id -u
2016796723
```

Linux のユーザについて基本的なことがわかったところで、ユーザを管理する方法について説明します。

4.2.1　ローカルでのユーザ管理

まずは伝統的で唯一の選択肢だった、ローカルでのユーザ管理に注目します。この方法はマシン上に存在するユーザのみを扱い、かつ、ユーザ関連の情報はマシンのネットワーク上で共有されません。

ローカルユーザ管理について Linux はシンプルなファイルベースのインタフェースを使います。この歴史的遺物であるインタフェースは混乱を招くファイル名を使うのですが、残念なことに、私たちはこのインタフェースを使い続けなくてはいけません。**表4-1** には、ユーザ管理を実装する 4 つのファイルの一覧を示します。

表4-1　ローカルユーザを管理するファイル

目的	ファイル
ユーザの管理	/etc/passwd
グループの管理	/etc/group
ユーザのパスワード管理	/etc/shadow
グループのパスワード管理	/etc/gshadow

/etc/passwd は、ユーザ名や UID、ユーザが属するグループ、ホームディレクトリなどのその他のデータを記録する小さなユーザ管理用データベースのようなものと考えてください。では具体的な例を見てみましょう。

```
$ cat /etc/passwd
root:x:0:0:root:/root:/bin/bash ❶
daemon:x:1:1:daemon:/usr/sbin:/usr/sbin/nologin ❷
bin:x:2:2:bin:/bin:/usr/sbin/nologin
sys:x:3:3:sys:/dev:/usr/sbin/nologin
nobody:x:65534:65534:nobody:/nonexistent:/usr/sbin/nologin
syslog:x:104:110::/home/syslog:/usr/sbin/nologin
mh9:x:1000:1001::/home/mh9:/usr/bin/fish ❸
```

❶ root ユーザの UID は 0。

❷ システムアカウント（nologin については後述するので今は無視する）。

❸ 私のユーザアカウント。

ここで、/etc/passwd の行を詳しく見て、個々のユーザを示す行の構造を理解しましょう。

```
root:x:0:0:root:/root:/bin/bash
```
❼　❻❺❹❸　❷　　❶

❶ ログインシェル。対話的なログインを防ぐには、/sbin/nologinを使用する。

❷ ユーザのホームディレクトリ。デフォルトは/。

❸ フルネームや電話番号などの連絡先。GECOS（https://en.wikipedia.org/wiki/Gecos_fiel）フィールドとも呼ばれることが多い。通常は、アカウントに関連する人のフルネームを格納するために使う。

❹ ユーザのプライマリグループ（GID）。/etc/groupも参照すること。

❺ UID。Linuxは1000以下のUIDをシステム用に確保していることに注意。

❻ ユーザのパスワード。xという文字は、（暗号化された）パスワードが/etc/shadowに保存されることを意味し、最近ではこれがデフォルトになっている。

❼ ユーザ名。32文字以下である必要がある。

/etc/passwdというファイル名にもかかわらず、このファイルの中にパスワードの情報はありません。パスワードは、歴史的な理由から、/etc/shadowというファイルに保存します。すべてのユーザは/etc/passwdを読めますが、/etc/shadowを読むには、通常root権限が必要です。

ユーザを追加するには、adduser（https://linux.die.net/man/8/adduser）コマンドを次のように使います。

```
$ sudo adduser mh9
Adding user `mh9' ...
Adding new group `mh9' (1001) ...
Adding new user `mh9' (1000) with group `mh9' ...
Creating home directory `/home/mh9' ... ❶
Copying files from `/etc/skel' ... ❷
New password: ❸
Retype new password:
passwd: password updated successfully
Changing the user information for mh9
Enter the new value, or press ENTER for the default ❹
        Full Name []: Michael Hausenblas
        Room Number []:
        Work Phone []:
        Home Phone []:
        Other []:
Is the information correct? [Y/n] Y
```

❶ adduserコマンドはホームディレクトリを作る。

❷ デフォルト設定をホームディレクトリ以下にコピーする。

❸ パスワードを入力する。

❹ オプションとしてGECOS情報を入力する。

システムアカウントを作成したい場合は、adduserコマンドに-rオプションを渡します。こうするとログインシェルを使えなくなり、かつ、ホームディレクトリも作りません。使用するUID/GIDの範囲など指定するオプションを含めたユーザ作成時の設定についての詳細は、/etc/adduser.confを見てください。

　Linuxにはユーザ以外にグループという概念があり、これは1人以上のユーザの集合です。普通のユーザは1つのデフォルトグループに属しますが、さらに別のグループのメンバにもなれます。グループ、およびユーザとグループのマッピングは/etc/groupファイルに書いています。

```
$ cat /etc/group ❶
root:x:0:
daemon:x:1:
bin:x:2:
sys:x:3:
adm:x:4:syslog
...
ssh:x:114:
landscape:x:115:
admin:x:116:
netdev:x:117:
lxd:x:118:
systemd-coredump:x:999:
mh9:x:1001: ❷
```

❶ グループを管理するファイルを表示する。

❷ GID 1001を持つ、mh9ユーザに関連付けられたグループ。最後のコロンの後にユーザ名（カンマ区切りで複数のユーザ名を記載可能）を追加すると、それらのユーザにこのグループの権限が与えられる。

　この基本的なユーザの概念と管理方法を理解した上で、プロフェッショナルが使う、おそらくローカルユーザ管理よりも優れた方法を見てみましょう。

4.2.2　ユーザの一元管理

　ユーザ管理が必要なマシンまたはサーバが複数ある場合、例えば、業務用のシステムの場合、ローカルでユーザを管理する方法ではすぐに情報が古くなってしまいます。それぞれのシステムのユーザを一元管理する方法が必要です。要件と予算、かけられる時間に応じて、いくつかの選択肢があります。

ディレクトリベース

　LDAP（Lightweight Directory Access Protocol、https://oreil.ly/Ll5AU）は、数十年前に開発されたプロトコル群。現在はIETFによって定式化されており、インターネットプロトコル（IP）上で分散型ディレクトリにアクセスし、メンテナンスする方法を定義している。LDAPサーバは、Keycloak（https://www.keycloak.org）などを使って自分で運用することもできるし、Azure Active Directoryなどのクラウドプロバイダへのアウトソースもできる。

ネットワーク経由

　この方法では、Kerberosを使用してユーザを認証できる。Kerberosについては、「9.4.1 Kerberos」で詳しく説明する。

設定管理システムの利用

Ansible、Chef、Puppet、SaltStackなどのシステムを使って、複数マシンにおいて同じユーザを作成できる。

実際にどの方法を使うかは、多くの場合環境によって決まります。つまり、ある企業がすでにLDAPを使用しているのであれば、選択肢は限られているでしょう。ただし、それぞれの方法の詳細や長所、短所は、本書の範囲外です。

4.3　パーミッション

この節では、まずアクセス制御の仕組みの中心であるファイルのパーミッションに関して詳細に説明します。続いてプロセスに関するパーミッションについて見ていきます。つまり、プログラム実行時のパーミッションと、それらがファイルパーミッションからどのように決まるかについて述べます。

4.3.1　ファイルのパーミッション

Linuxではおおよそすべてのものをファイルとして表現するので、ファイルのパーミッションはリソースへのアクセスについての核となります。まずいくつかの用語について見て、その後にいくつかのファイルアクセスやパーミッションに関するメタデータの表現方法について詳しく説明します。

狭い範囲から広い範囲まで、3種類の権限があります。

ユーザ

ファイルのオーナー

グループ

1人または複数のメンバが所属するグループ

その他

上記以外のすべて

これに加えて3種類のアクセス方法があります。

読み取り（r）

通常のファイルの場合、ファイルの内容を見ることができる。ディレクトリの場合、ディレクトリ内のファイルを一覧表示できる。

書き込み（w）

通常のファイルの場合、ファイルの変更/削除ができる。ディレクトリの場合、ディレクトリ内のファイルの作成、名前の変更、削除ができる。

実行（x）

通常のファイルの場合、そのファイルに読み取り権限があれば、ファイルを実行できる。ディレクトリの場合、カレントディレクトリをそのディレクトリに変更できる。

その他のファイルアクセスビット

ファイルアクセスのタイプとして r/w/x の3つを挙げましたが、実際には ls を実行すると、次のような rwx 以外のものも登場します。

- s は setuid/setgid ビットと呼ばれるもので、実行ファイル対して設定できる。このビットが設定されたファイルを実行すると、実質的にファイルのオーナーやグループの権限でプログラムを実行することになる。
- t はスティッキービットと呼ばれ、ディレクトリに対して設定できる。このビットが設定されているディレクトリは、ディレクトリやファイルを所有しているユーザと root ユーザ以外は、そのディレクトリ内のファイルを削除できなくなる。

Linux には chattr（change attribute）コマンドによって特別な設定もできますが、それはこの章では扱いません。

実際のファイルのパーミッションを見てみましょう（ls コマンドの出力中のスペースは、読みやすくするために実際より広げています）。

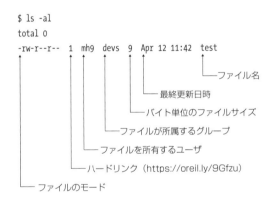

ファイルのモード、つまりファイルタイプとパーミッションには、次のようなフィールドが存在します。

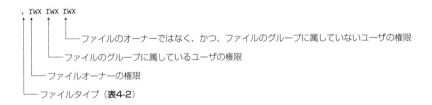

ファイルモードの先頭のフィールドは、ファイルタイプを表します（詳細は**表4-2**参照）。ファイルモードの残りの部分は、**表4-3**に示すように、さまざまな種類のユーザ用のパーミッションを表します。

表4-2　ファイルタイプ

シンボル	意味
-	通常のファイル（例えば touch abc としたときに作られるファイル）
b	ブロックスペシャルファイル
c	キャラクタスペシャルファイル
C	コピーオンライトファイルシステムにおいてコピーオンライトを抑制する
d	ディレクトリ
l	シンボリックリンク
p	名前付きパイプ（mkfifo で作成）
s	ソケット
?	その他の（不明な）ファイルタイプ

その他、MやPなどの文字がファイルタイプの位置に入ることもありますが、これらは無視してかまいません。もし、これらの文字が何を意味しているのか興味があれば、info ls -n "What information is listed" コマンドを実行してみてください。

表4-3に示すように、ファイルモードにおけるこれらのパーミッションの組み合わせによって、各ユーザに何が許可されているかを定義し、ファイルアクセス（https://linux.die.net/man/2/access）を制御します。

表4-3　ファイルのパーミッション

パターン	有効なパーミッション	10 進数表現
---	なし	0
--x	実行	1
-w-	書き込み	2
-wx	書き込みと実行	3
r--	読み出し	4
r-x	読み出しと実行	5
rw-	読み書き	6
rwx	読み書きと実行	7

では、いくつかの例を見てみましょう。

755
　　オーナーはすべてのアクセスができる。他のユーザは読み出しと実行だけできる。

700
　　オーナーはすべてのアクセスができる。他のユーザには一切の権限がない。

664
　　ファイルのオーナーと、ファイルのグループに属するユーザは読み書き可能。それ以外のユーザは読み出しのみできる。

644
　　ファイルのオーナーは読み書き可能。それ以外のユーザは読み出しのみできる。

400
　ファイルのオーナーは読み出しのみできる。それ以外のユーザは何の権限もない。

　664は筆者のシステムにおいてファイル作成時のデフォルトパーミッションです。デフォルトパーミッションは666に、umaskコマンド（https://oreil.ly/H9ksX）によって得られるビットマスク（筆者の場合は0002）を適用したものになります。

　実行ファイルにsetuidパーミッションが付いていると、システムはプログラムをオーナーのパーミッションで実行します。ファイルのオーナーがrootであれば、問題を引き起こす可能性があります。

　ファイルのパーミッションはchmodによって変更できます。変更後のパーミッションを明示的に指定するか（例えば644など）、ショートカットを使うか（例えば+xで実行可能なファイルにする）のどちらかです。しかし、具体的にどうするのでしょうか？

　chmodを使ってファイルを実行可能にしてみましょう。

```
$ ls -al /tmp/masktest
-rw-r--r-- 1 mh9 dev 0 Aug 28 13:07 /tmp/masktest ❶

$ chmod +x /tmp/masktest ❷

$ ls -al /tmp/masktest
-rwxr-xr-x 1 mh9 dev 0 Aug 28 13:07 /tmp/masktest ❸
```

❶ コマンド実行前のファイルのパーミッションはオーナーがr/wで、それ以外は読み取り専用。644と書くこともできる。
❷ ファイルを実行可能にする。
❸ コマンド実行後のファイルのパーミッションは、オーナーがr/w/x、それ以外はr/x。755と書くこともできる。

　図4-2は、システム内部で何が起こっているのかを示します。ファイルの実行権限を全員に与えたくなければ、オーナーにだけ権限を付けて他のユーザはそのままにするとよいでしょう。この場合chmod 744を実行します。このトピックについては「**4.5　アクセス制御のよい実践方法**」でさらに詳しく説明します。

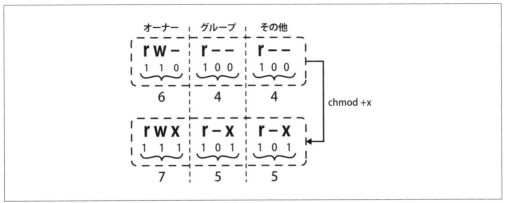

図4-2　ファイルを実行可能にすることによってファイルのパーミッションは変更される

ファイルのオーナーはchown（グループはchgrp）コマンドによって変更できます。

```
$ touch myfile
$ ls -al myfile
-rw-rw-r-- 1 mh9 mh9 0 Sep 4 09:26 myfile ❶

$ sudo chown root myfile ❷
-rw-rw-r-- 1 root mh9 0 Sep 4 09:26 myfile
```

❶ 私が作成し、かつ、所有しているファイルmyfile。
❷ chownの実行後、ファイルのオーナーはrootになる。

　これまでは基本的な権限管理について説明しましたが、ここからは、より高度なテクニックを見てみましょう。

4.3.2　プロセスの権限

　ここまでは、人間に対応するユーザがファイルにアクセスする方法、および、それぞれのパーミッションがどのように作用しているかについて述べました。ここでは、プロセスに焦点を移します。「4.1.1　リースと所有権」では、ユーザがファイルを所有する方法と、プロセスがファイルを使用する方法について説明しました。ここで、プロセスの観点では適切なパーミッションは何かという問題があります。

　credentials(7)（https://oreil.ly/o7gf6）で説明されているように、プロセス実行時のパーミッションに関連する複数のユーザIDがあります。

実UID（Real UID）
　実UIDはプロセスを起動したユーザのUID。これは、人間のユーザから見るとプロセスのオーナーに相当する。プロセスはgetuid(2)（https://man7.org/linux/man-pages/man2/getuid.2.html）システムコールによって自身の実UIDを取得できる。シェルからは、あるプロセス（ここでは$pid）の実UIDはstat -c "%u" /proc/$pid/コマンドによって得られる。

実効UID（effective UID）
　Linuxカーネルはメッセージキューのような共有リソースにアクセスする際にプロセスが持つ権限を決めるために実効UIDを使う。伝統的なUNIXシステムでは、ファイルアクセスにも使用する。かつてLinuxでは、ファイルアクセスにおける権限を確認するために、専用のファイルシステムUID（後述）を使っていた。これは互換性のために現在でもサポートされている。プロセスはgeteuid(2)（https://man7.org/linux/man-pages/man2/geteuid.2.html）システムコールによって自分の実効UIDを得られる。

保存set-user-ID（saved set-user-ID）
　保存set-user-IDはsetuidビットが設定されている場合に使う。プロセスが実UIDと保存set-user-IDの間で実効UIDを切り替えられる。例えば、あるネットワークポート（「7.2.3.1　ポート」参照）を、プロセスが保存set-user-IDを使って（rootなどへ）権限を昇格すれば使えるようになるかどうかを確認できる。getresuid(2)（https://man7.org/linux/man-pages/man2/getresuid.2.html）システムコールによって保存set-user-IDを得られる。

ファイルシステム UID

　　Linux固有で、ファイルアクセスのパーミッションを決定するために使う。もともとこのUIDは、プロセスからファイルにアクセスする権限と、それ以外のリソースにアクセスする権限を分けるために導入された。通常、プログラムはこのUIDを直接操作しない。カーネルは実効UIDが変更されたときに、ファイルシステムUIDも一緒に変更する。ファイルシステムUIDは通常実効UIDと同じだが、setfsuid(2)（https://man7.org/linux/man-pages/man2/setfsuid.2.html）システムコールによって変更できる。技術的にはこのUIDはLinux 2.0以降不要になったが、互換性のために現在でもサポートされている。

　fork(2)システムコールによってプロセスが生成されると、子プロセスは親プロセスのUIDを引き継ぎます。また、execve(2)システムコールによってプロセスの実UIDは変わりません。その一方で、実効UIDと保存set-user-IDは変わる可能性があります。

　例えば、UIDが1000のユーザが、UIDと同じ1000の実効UIDで、passwdコマンドを実行したとします。passwdにはsetuidビットが設定されているため、コマンド実行中はプロセスの実効UIDは0、つまりrootになります。chrootやその他のサンドボックス技術によっても実効UIDが変化します。

　　POSIXスレッド（https://en.wikipedia.org/wiki/Pthreads）において、プロセス内のすべてのスレッドの間でプロセスの権限が共有されなければなりません。しかし、カーネルレベルでは、Linuxはプロセスの権限をスレッドごとに保持しています。

　ファイルアクセスにおけるパーミッションの他に、カーネルはプロセスUIDを例えば以下のようなことにも使います。

- あるプロセスIDに対してkill -9を実行したときに何が起こるかを決定する。これについては「**6章　アプリケーション、パッケージ管理、コンテナ**」で触れる。
- プロセスのスケジューリング方法やnice値のような実行優先度を変更する処理の権限管理
- リソース制御。詳細は「**9章　高度なトピック**」においてコンテナの説明の際に述べる。

　setuidビットと実行UIDは比較的単純ですが、次節で説明するケーパビリティが絡んでくると話は複雑になります。

4.4　高度な権限管理

　これまで、広く使われている仕組みに焦点を当ててきましたが、この節で扱うのはやや高度なので、システムをとりあえず動かしてみたい場合や趣味で使いたい場合に必要というわけではありません。しかし、ビジネスにとって重要なシステムを構築する場合は、以下の高度な権限管理について知っておくべきなのは間違いありません。

4.4.1　ケーパビリティ

　Linuxでは、伝統的にUNIXシステムと同様に、rootユーザはプロセスを実行する際に何の制限も受けま

せん。言い換えれば、カーネルはプロセスを次の2種類のいずれかとして区別しているにすぎません。

- カーネルの権限チェックを迂回する特権プロセス。実効UIDが0（別名root）のプロセス。
- 実行UIDが0ではない非特権プロセス。カーネルは「**4.3.2　プロセスの権限**」で説明するように
  プロセスの権限チェックをする。

　Linux 2.2で導入されたケーパビリティ関連システムコール（https://man7.org/linux/man-pages/man7/capabilities.7.html）により、プロセスについてのこの単純な考え方は適用できなくなりました。伝統的にrootと関連付けられていた特権は、現在は機能ごとに存在するケーパビリティに分解されました。ケーパビリティはスレッドごとに存在します。

　通常のプロセスは、前節で説明したパーミッションによって制御されたままで、何のケーパビリティも持ちません。システムの管理者プロセスだけでなく、実行可能ファイル（バイナリやシェルスクリプト）にもケーパビリティを割り当てて、タスクの実行に必要な権限を必要に応じて追加できます（詳細は「**4.5　アクセス制御のよい実践方法**」をご覧ください）。

　注意点、一般的にケーパビリティはシステムレベルのタスクにのみ関係します。言い換えると、通常のプロセス実行で、ほとんどの場合は特に考慮する必要はありません。

　表4-4では、広く使われているケーパビリティをいくつか紹介しています。

表4-4　便利なケーパビリティの例

ケーパビリティ	意味
CAP_CHOWN	ファイルの UID や GID をどんな値にでも変更できる。
CAP_KILL	他のユーザに属するプロセスへのシグナルを送信できる。
CAP_SETUID	UID を変更できる。
CAP_SETPCAP	実行中のプロセスのケーパビリティを設定できる。
CAP_NET_ADMIN	NIC の設定などのネットワーク関連のさまざまな操作ができる。
CAP_NET_RAW	RAW タイプ、および PACKET タイプのソケットを使える。
CAP_SYS_CHROOT	chroot を呼び出せる。
CAP_SYS_ADMIN	ファイルシステムのマウントなどのシステム管理操作ができる。
CAP_SYS_PTRACE	プロセスをデバッグするために strace システムコールを発行できる。
CAP_SYS_MODULE	カーネルモジュールをロードできる。

　それではケーパビリティの使用例を示します。まず、ケーパビリティを表示するには、以下のようなコマンドを使います（出力は見やすいように編集しています）。

```
$ capsh --print ❶
Current: =
Bounding set =cap_chown,cap_dac_override,cap_dac_read_search,
cap_fowner,cap_fsetid,cap_kill,cap_setgid,cap_setuid,cap_setpcap,
...

$ grep Cap /proc/$$/status ❷
CapInh: 0000000000000000
CapPrm: 0000000000000000
```

```
CapEff: 0000000000000000
CapBnd: 000001ffffffff
CapAmb: 0000000000000000
```

❶ システムに存在する全ケーパビリティの概要
❷ コマンド発行元プロセス（シェル）のケーパビリティ

ケーパビリティはgetcapシステムコール（https://www.man7.org/linux/man-pages/man8/getcap.8.html）
とsetcapシステムコール（https://www.man7.org/linux/man-pages/man8/setcap.8.html）によってファイ
ル単位で細かく管理できます（詳細と適切な設定は本書では扱いません）。ケーパビリティは、権限管理
をオール・オア・ナッシング形式から、ファイル単位でのよりきめ細かい形式に移行するためのサポートを
します。次に、ケーパビリティとは異なる高度なアクセス制御であるseccompというサンドボックス化技術
のトピックに移りましょう。

4.4.2 seccompプロファイル

seccomp（セキュアコンピューティングモード、https://man7.org/linux/man-pages/man2/seccomp.2.
html）は2005年から利用できるLinuxカーネルの機能です。このサンドボックス技術の基本的な考え方は、
seccomp(2)という専用のシステムコールを使って、プロセスが使用できるシステムコールを制限できると
いうものです。

seccompを自分で直接管理するのは不便だと思うかもしれませんが、あまり手間をかけずに利用する方法
があります。例えば、コンテナ（「6.6　コンテナ」参照）ベースのアプリケーションの場合は、Docker
（https://docs.docker.com/engine/security/seccomp/）とKubernetes（https://kubernetes.io/docs/tutorials/
security/seccomp/）の両方がseccompをサポートしています。

続いて、従来型のパーミッションの拡張であるACLについて見てみましょう。

4.4.3 ACL

ACL（Access Control List、アクセス制御リスト）は、Linuxにおける柔軟なパーミッション機構
で、「4.3.1　ファイルのパーミッション」で説明した「従来の」パーミッションに追加する形で使えます。
ACLは伝統的なパーミッションの欠点に対処しています。ACLは、あるユーザが所属するグループに入っ
ていないユーザやグループに対して権限を与えられます。

使用しているカーネルがACLをサポートしているかどうかを確認するには、次のようにします。

```
grep -i acl /boot/config*
```

出力のどこかにPOSIX_ACL=Yがあれば、そのカーネルはACLをサポートしています。ファイルシステム
でACLを使用するには、マウント時にaclオプションを有効にする必要があります。詳細についてはaclの
ドキュメント（https://man7.org/linux/man-pages/man5/acl.5.html）を参照してください。

ACLはこの本の範囲外なので、ここでは詳しく説明しません。しかし、ACLについて知っておき、どこ
から手をつければよいかを知っておけば、万が一、実際にACLを使う必要ができたときに役に立ちます。

それを踏まえて、アクセス制御のよい実践方法について振り返っておきましょう。

4.5　アクセス制御のよい実践方法

　ここでは、広い意味でアクセス制御の範疇であるセキュリティ面の実践方法をいくつか紹介します。これらのいくつかは、どちらかというと業務システムのような環境向けのものですが、誰もが知っておくべきものです。

最小権限化
　最小権限の原則とは、一言で言えば、人やプロセスは与えられたタスクを達成するために必要な権限のみを持つべきだという考え。例えば、あるアプリがファイルに書き込みをしないのであれば、読み取りアクセス権だけが必要となる。アクセス制御においては、次の2つの方法で権限の最小化を実践できる。

- 「4.3.1　ファイルのパーミッション」において、あるファイルにファイルオーナーの実行権限を与えるためにchmod +xを使うとどうなるかを説明した。これはオーナーだけではなく、その他のユーザにも実行権限を与えてしまう。数字を使った明示的なパーミッションの指定の方が、+xのようなシンボルを使うものよりも好ましい。シンボルによる指定は便利な反面、厳密さに欠ける。
- rootでの実行はできるだけ避ける。例えば、何かをインストールする必要があるときは、rootでのログイン中にインストールするのではなく、sudoを使用する。

　アプリケーションを書いている場合、SELinuxポリシーを使用して、選択したファイル、ディレクトリ、その他の機能のみにアクセスを制限できる。これに対して、デフォルトのLinuxのモデルでは、システム上のすべてのファイルにアプリケーションがアクセスできるようにしてしまう可能性がある。

setuid を避ける
　setuidに頼るのではなく、ケーパビリティを活用すること。setuidはハンマーのようなもので、攻撃者がシステムを乗っ取りやすくしてしまう。

監査
　監査とは、システム上の操作（とそれを実行した人）を記録し、そのログが改ざんされないようにすること。この読み取り専用のログを使えば、いつ誰が何をしたかを検証できる。このトピックについては、「8章　オブザーバビリティ（可観測性）」において掘り下げる。

4.6　まとめ

　Linuxがユーザ、ファイル、その他のリソースへのアクセスを管理する方法がわかったので、日常業務を安全かつ確実に遂行するためのものがすべて揃いました。

　Linuxを使った実践的な作業では、ユーザ、プロセス、ファイルの関係を覚えておいてください。LinuxはマルチユーザOSであるため、安全・確実な操作とセキュリティ面での被害を回避するために、このことは非常に重要です。

　アクセス制御の種類を確認し、Linuxにおけるユーザとは何か、何ができるのか、そしてローカル型、および中央集権型のユーザ管理方法について明らかにしました。ファイルパーミッションとその管理方法は厄介で、これをマスターするには実践を重ねるしかありません。

ケーパビリティやseccompのような高度な機能は、コンテナと密接な関係があります。

前節では、アクセス制御とそれに関連するセキュリティ、特に最小権限の適用に関するよい実践方法について説明しました。

この章で取り上げたトピックをさらに深く知りたい方は、以下の資料をご覧ください。

一般的なもの
- Amanda Crowell「A Survey of Access Control Policies」（https://oreil.ly/0PpnS）
- Lynis（監査・コンプライアンステストツール、https://oreil.ly/SXSkp）

capabilities
- 「Linux Capabilities in Practice」（https://oreil.ly/NIdPu）
- 「Linux Capabilities: Making Them Work」（https://oreil.ly/qsYJN）

seccomp
- 「A seccomp Overview」（https://oreil.ly/2cKGI）
- 「Sandboxing in Linux with Zero Lines of Code」（https://oreil.ly/U5bYG）

ACL
- 「POSIX Access Control Lists on Linux」（https://oreil.ly/gbc4A）
- ArchLinuxのページ「Access Control Lists」（https://oreil.ly/owpYE、日本語ページはhttps://wiki.archlinux.jp/index.php/アクセス制御リスト）
- Red Hatのページ「An Introduction to Linux Access Control Lists (ACLs)」（https://oreil.ly/WCjpN）

セキュリティは継続的なプロセスであり、システムに存在するユーザやファイルを常に注視しておく必要があるでしょう。そのうちのいくつかについては**「8章　オブザーバビリティ（可観測性）」**と**「9章　高度なトピック」**において述べます。次はファイルシステムのトピックに移りましょう。

5章
ファイルシステム

　この章では、ファイルとファイルシステムに焦点を当てます。UNIXの「すべてはファイルである」という考え方はLinuxでも生きています。すべてではありませんが、Linuxのほとんどのリソースはファイルです。ファイルとは、学校で書いた作文から、（安全で信頼できるサイトから）ダウンロードした愉快なGIFまで、すべてを含みます。

　echo "Hello modern Linux users" > /dev/pts/0というコマンドを実行すると、画面に「Hello modern Linux users」と表示するようなデバイス（あるいは擬似デバイス）もファイルです。ファイルという概念とこれらのリソースが頭の中でうまく結びつかないかもしれませんが、実際に通常のファイルと同様の方法で、同様のツールでアクセスできます。他にも、カーネルは（「2.3.1　プロセス管理」で説明されているように）プロセスのPIDやプロセスの実行ファイルなど、動作中のプロセスに関するさまざまな情報をファイルとして公開しています。

　これらのものに共通しているのは、ファイルを開く、ファイルの情報を集める、ファイルに書き込む、といったことをするための標準的で統一されたインタフェースです。Linuxでは、ファイルシステム（https://www.kernel.org/doc/html/latest/filesystems/）がこのようなインタフェースを提供しています。このインタフェースがあり、かつ、Linuxにおいてファイルはただのバイトの流れであって内部データ構造について関与しないという特徴があるため、私たちはさまざまな種類のファイルを扱えるツールを作成できるのです。

　ファイルシステムが提供する統一されたインタフェースは、ユーザの思考負荷を軽減するため、Linuxの使い方をより早く覚えられます。

　まずはこの章に登場するいくつかの用語を定義します。次に、Linuxがどのように「すべてがファイルである」という抽象化をしているかを見ていきます。その後に、カーネルがプロセスやデバイスに関する情報を公開するための特別なファイルシステムについて触れます。さらにその後、一般的にドキュメント、データ、プログラムなどを格納する通常のファイルやファイルシステムの説明をします。最後にそれらのファイルシステム比較し、それらに共通する操作について説明します。

5.1　基本

　ファイルシステムの用語に触れる前に、ファイルシステムに関するいくつかの暗黙的な前提を明確にしておきましょう。

- 例外はあるが、今日広く使われているファイルシステムのほとんどは階層化されている。ファイルシステムはルート（/）から始まる1つのツリー構造になっている。
- ファイルシステムツリーには、ディレクトリと通常のファイルという2種類のオブジェクトがある。ディレクトリは、ファイルをグループ化するためのものである。ツリー構造の構成要素でいうと、ディレクトリは内部ノードあるいはリーフノードであり、通常のファイルはすべてリーフノードである。
- ディレクトリの内容を表示したり（ls）、そのディレクトリに移動したり（cd）、現在の作業ディレクトリを表示したり（pwd）することによって、ファイルシステムを渡り歩ける。
- ファイルシステムにはパーミッションの概念が組み込まれている。「**4.3　パーミッション**」で説明したように、ファイルシステムの属性の1つにパーミッションがある。その結果、所有権は割り当てられたパーミッションによってファイルやディレクトリへのアクセスを制御することになる。
- 一般に、ファイルシステムはカーネルに実装されている。

> ファイルシステムは通常、性能上の理由からカーネル空間に実装されますが、ユーザ空間での実装もあります。Filesystem in Userspace (FUSE) のドキュメント（https://oreil.ly/hIVgq）やlibfuseプロジェクトのサイト（https://oreil.ly/cEZyY）を参照してください。

　このような抽象的な説明はさておき、ここからは理解する必要がある用語をより明確に定義していきましょう。

ドライブ

　ハードディスクドライブ（HDD）やソリッドステートドライブ（SSD）などの物理ブロックデバイス。仮想マシンにおいては、ドライブのエミュレートもできる。例えば、/dev/sda などのSCSIデバイスやSATAデバイス、あるいは/dev/hda などのIDEデバイスなど。

パーティション

　ドライブを論理的に分割して、ストレージセクタの集合であるパーティションにできる。例えば、/dev/sdb として認識されているHDDに2つのパーティションを作成すると、それぞれのパーティションに対応する/dev/sdb1、/dev/sdb2 というデバイスファイルが作られる。

論理ボリューム

　論理ボリュームはパーティションに似ているが、より柔軟に使用できる。論理ボリューム上にはドライブやパーティションと同様にファイルシステムを作成できる。論理ボリュームについては「**5.2.1　論理ボリュームマネージャ**」で詳しく説明する。

スーパーブロック

　ドライブなどの上にファイルシステムを作ると、先頭領域にファイルシステム全体のメタデータを保存するスーパーブロックと呼ばれる特別なセクションを作る。ここには、ファイルシステムのタイプ、データをブロックという単位で管理する際の管理領域、状態、ブロックごとに存在するinodeの数、といったものが含まれる。

inode

　ファイルシステムにおいて、inodeはサイズ、オーナー、ディスク上のデータの場所、日付、パーミッ

ションなどの個々のファイルに関するメタデータを保存する。しかしinodeはファイル名と実際のデータを保存しない。ファイル名はディレクトリに保存する。ディレクトリはinodeをファイル名にマッピングしている。

　理屈の話はここまでにして、具体例を見てみましょう。まず、システムに存在するドライブ、パーティション、論理ボリュームを確認する方法を説明します。

```
$ lsblk --exclude 7 ❶
NAME                     MAJ:MIN RM   SIZE RO TYPE MOUNTPOINTS
sda                          8:0  0 223.6G  0 disk               ❷
├─sda1                       8:1  0   512M  0 part /boot/efi      ❸
└─sda2                       8:2  0 223.1G  0 part               ❹
  ├─elementary--vg-root    253:0  0 222.1G  0 lvm  /
  └─elementary--vg-swap_1  253:1  0   976M  0 lvm  [SWAP]
```

❶ すべてのブロックデバイスの一覧を表示する。擬似（ループ）デバイスは除外する。

❷ sdaというディスクドライブがあり、全体のサイズは約223 GB。

❸ 2つのパーティションがあり、1つ目のsda1はブートパーティション。

❹ 2つ目のパーティションsda2には2つの論理ボリュームが存在する（詳細は「**5.2.1　論理ボリュームマネージャ**」を参照）。

　物理的なディスクとディスク上に存在するパーティションや論理ボリュームとの対応を確認したので、今度はシステムに存在するファイルシステムを詳しく見ていきましょう。

```
$ findmnt -D -t nosquashfs ❶
SOURCE                          FSTYPE   SIZE  USED  AVAIL USE% TARGET
udev                            devtmpfs 3.8G     0   3.8G  0% /dev
tmpfs                           tmpfs  778.9M  1.6M 777.3M  0% /run
/dev/mapper/elementary--vg-root ext4   217.6G 13.8G 192.7G  6% /
tmpfs                           tmpfs    3.8G 19.2M   3.8G  0% /dev/shm
tmpfs                           tmpfs      5M    4K     5M  0% /run/lock
tmpfs                           tmpfs    3.8G     0   3.8G  0% /sys/fs/cgroup
/dev/sda1                       vfat     511M    6M 504.9M  1% /boot/efi
tmpfs                           tmpfs  778.9M   76K 778.8M  0% /run/user/1000
```

❶ ファイルシステムの一覧を表示するが、squashfs（https://www.kernel.org/doc/html/latest/filesystems/squashfs.html）[※1]は除外する。

　さらにディレクトリやファイルなど、ファイルシステムの個々のオブジェクトを見てみましょう。

```
$ stat myfile
  File: myfile
  Size: 0             Blocks: 0          IO Block: 4096   regular empty file ❶
Device: fc01h/64513d  Inode: 555036      Links: 1 ❷
Access: (0664/-rw-rw-r--)  Uid: ( 1000/    mh9)   Gid: ( 1001/    mh9)
```

※1　もともとCD用に開発された特殊な読み取り専用の圧縮ファイルシステム。現在はスナップショットにも使う。

```
 Access: 2021-08-29 09:26:36.638447261 +0000
 Modify: 2021-08-29 09:26:36.638447261 +0000
 Change: 2021-08-29 09:26:36.638447261 +0000
  Birth: 2021-08-29 09:26:36.638447261 +0000
```

❶ ファイルタイプ

❷ デバイスとinodeの情報

statの引数に .（ドット）を指定すると、カレントディレクトリの情報（inode、使用ブロック数など）を取得できます。

表5-1には、ファイルシステムに関する情報を確認するための基本的なファイルシステムコマンドをいくつか挙げています。

表5-1　低レベルなファイルシステムおよびブロックデバイスに関するコマンドの抜粋

コマンド	用途
lsblk	すべてのブロックデバイスの一覧を表示
fdisk、parted	ディスクパーティションを管理
blkid	UUID のようなブロックデバイスの属性を表示
hwinfo	ハードウェア情報を表示
file -s	ファイルシステムやパーティションの情報を表示
stat、df -i、ls -i	inode 関連情報の一覧を表示

ファイルシステムの説明では上記以外に**リンク**という用語を見かけます。ファイルに別名を付けたい場合やファイルへのショートカットを作りたい場合にリンクを使います。Linuxには2種類のリンクがあります。

ハードリンク

inodeを参照する。ディレクトリは参照できず、かつ、別のファイルシステム上のinodeは参照できないという制約がある。

シンボリックリンク、あるいはシムリンク（https://oreil.ly/yRWYA）

別のファイルのパス名を持ち、対象ファイルへの参照として機能する特殊なファイル。

では、リンクの実例を見てみましょう（出力の一部省略）。

```
$ ln myfile somealias ❶
$ ln -s myfile somesoftalias ❷

$ ls -al *alias ❸
-rw-rw-r-- 2 mh9 mh9 0 Sep  5 12:15 somealias
lrwxrwxrwx 1 mh9 mh9 6 Sep  5 12:45 somesoftalias -> myfile

$ stat somealias ❹
  File: somealias
  Size: 0          Blocks: 0        IO Block: 4096   regular empty file
Device: fd00h/64768d  Inode: 6302071   Links: 2
```

```
...
$ stat somesoftalias ❺
  File: somesoftalias -> myfile
  Size: 6            Blocks: 0        IO Block: 4096    symbolic link
Device: fd00h/64768d    Inode: 6303540    Links: 1
...
```

❶ myfileへのハードリンクを作成する。
❷ 同じファイルへのシンボリックリンクを作成する（-s オプションが付けられていることに注意）。
❸ ファイルの一覧を表示する。それぞれファイルタイプが違うこと、および、シンボリックリンクの
　行の「->」以降にはリンク先のファイル名が表示されることに注意。ls -ali *aliasを使うと、ハー
　ドリンクに関連付けられた2つのファイルのinode番号が同じだとわかる。
❹ ハードリンクファイルの詳細を表示する。
❺ シンボリックリンクファイルの詳細を表示する。

　ファイルシステムの用語に慣れたところで、Linuxではあらゆるリソースをファイルとして扱える理由を
見ていきましょう。

5.2　仮想ファイルシステム

　Linuxは仮想ファイルシステム（VFS、https://elixir.bootlin.com/linux/latest/source/Documentation/
filesystems/vfs.rst）という抽象化を通してローカルファイルシステムやメモリ、あるいはネットワーク越
しに存在する多くのリソースにファイルのようにアクセスできます。基本的な考え方は、ファイルやファイ
ルシステムを操作するシステムコールと、操作に対応する処理を実装する個々のファイルシステムの間に
VFSというレイヤを挟むというものです。つまり、VFSは一般的な操作（open、read、seekなどのシステ
ムコール）と実際の実装の詳細を分離しています。
　VFSはカーネル内の抽象化レイヤで、クライアントにファイルを介したリソースへの共通的なアクセス
方法を提供します。Linuxでは、ファイルは特定の構造を持たず、単なるバイトのストリームです。バイト
ストリームが何を意味するかはファイルを作成するソフトウェアあるいはユーザが決めます。**図5-1**で示
すように、VFSは異なる種類のファイルシステムへのアクセスを抽象化します。

ext3、XFS、FAT、NTFS などのローカルファイルシステム
　　これらのファイルシステムは、HDDやSSDなどのローカルなブロックデバイスにアクセスするために
　　使う。内部でデバイスにアクセスする。

tmpfs のようなインメモリファイルシステム
　　HDDやSSDのような長期保存用のデバイスにバックアップされず、メインメモリ（RAM）に保存す
　　る。ローカルファイルシステムとインメモリファイルシステムについては「**5.4　通常のファイル**」で
　　扱う。

procfs のような擬似ファイルシステム
　　これらも本質的にはインメモリファイルシステムである。カーネルとのやり取りや、デバイスの抽象化
　　のために使う。「**5.3　擬似ファイルシステム**」において説明する。

NFS、Samba、Netware（旧 Novell）などのネットワーク型ファイルシステム

ローカルファイルシステムに似ているが、実際のデータが存在するストレージデバイスはローカルマシンではなく、リモートマシン上に存在する。ネットワーク型ファイルシステム用のコードはネットワーク操作の一種なので、**「7章　ネットワーク」**で取り上げる。

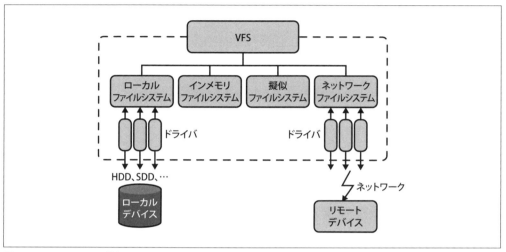

図5-1　Linux の VFS の構成

VFSは簡単には説明できません。ファイルに関連するシステムコールは100個以上ありますが、**表5-2**に示すように、核となる操作はいくつかカテゴリにまとめられます。

表5-2　VFS がシステムコールとして提供するインタフェース

カテゴリ	システムコールの例
inode	chmod、chown、stat
ファイル	open、close、seek、truncate、read、write
ディレクトリ	chdir、getcwd、link、unlink、rename、symlink
ファイルシステム	mount、flush、chroot
その他	mmap、poll、sync、flock

VFSが提供するシステムコールの多くには、ファイルシステム固有の実装が存在します。VFSのデフォルトの実装が存在するシステムコールもあります。Linux カーネルは、以下のようなVFSに関するデータ構造を定義しています。詳細はinclude/linux/fs.h（https://elixir.bootlin.com/linux/latest/source/include/linux/fs.h）を参照してください。

inode

ファイルシステムの中核となるオブジェクトで、ファイルタイプ、オーナー、パーミッション、リンク、ファイルデータをはじめとしたブロックへのポインタ、作成とアクセスの統計情報などを取得する。

file

開いているファイルを表す（パス、現在位置、inodeを含む）。

dentry（ディレクトリエントリ）

ディレクトリ内の個々のエントリを表す。ファイル名や親ディレクトリ、親ディレクトリ内のファイルの一覧などを格納する。

super_block

マウント情報を含むファイルシステム全体の情報を保持する。

その他

vfsmount と file_system_type など。

VFSの概要がわかったところで、論理ボリューム管理、ファイルシステム操作、一般的なファイルシステムのレイアウトなどの詳細を見ていきましょう。

5.2.1 論理ボリュームマネージャ

パーティションを使ったドライブの分割についてはすでに述べました。パーティションは使い方が難しく、特にサイズの変更が面倒です。

論理ボリュームマネージャ（LVM）は、物理的なブロックデバイス（ドライブやパーティションなど）とファイルシステムとの間にボリュームグループと呼ばれるレイヤを挟みます。これにより、論理ボリュームの拡張や、ボリュームグループの背後にあるブロックデバイスの増設が運用を止めずに、かつ、低リスクで実現できます。LVMの仕組みを**図5-2**に示します。重要な概念は後述します。

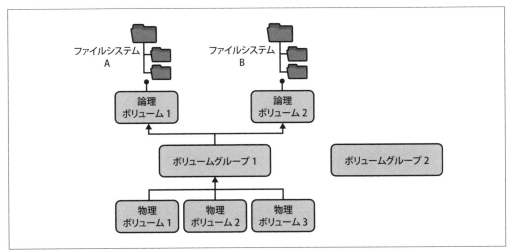

図5-2　Linux LVMの概要

物理ボリューム（PV）

ディスクパーティション、ディスクドライブ全体などのブロックデバイスデバイス

論理ボリューム（LV）

VG上に作成するブロックデバイス。これらは概念的にはパーティションと同等である。LVを使用するには、LV上にファイルシステムを作成する必要がある。LVは使用中に簡単にサイズを変更できる。

ボリュームグループ（VG）

PVとLVの中間に位置する。VGは、リソースを提供するPVの集合体であると考えればよい。

LVMでボリュームを管理（https://unixutils.com/lvm-cheat-sheet-quick-reference/）するためには、多くのツールが必要です。しかし、それらは名前が統一されており、比較的簡単に使用することができます。

PV 管理ツール

- lvmdiskscan（ディスクのスキャンに使う）
- pvdisplay
- pvcreate
- pvscan

VG 管理ツール

- vgs
- vgdisplay
- vgcreate
- vgextend

LV 管理ツール

- lvs
- lvscan
- lvcreate

ではLVMコマンドの動きを具体的に見てみましょう。

```
$ sudo lvscan ❶
  ACTIVE            '/dev/elementary-vg/root' [<222.10 GiB] inherit
  ACTIVE            '/dev/elementary-vg/swap_1' [976.00 MiB] inherit

$ sudo vgs ❷
  VG            #PV #LV #SN Attr   VSize    VFree
  elementary-vg   1   2   0 wz--n- <223.07g 16.00m

$ sudo pvdisplay ❸
  --- Physical volume ---
  PV Name               /dev/sda2
  VG Name               elementary-vg
  PV Size               <223.07 GiB / not usable 3.00 MiB
  Allocatable           yes
  PE Size               4.00 MiB
  Total PE              57105
  Free PE               4
  Allocated PE          57101
  PV UUID               2OrEfB-77zU-jun3-aOXC-QiJH-erDP-1ujfAM
```

❶ 論理ボリュームの一覧を表示。ここでは、ボリュームグループelementary-vgを使用している2つの
ボリューム（rootとswap_1）を表示している。

❷ ボリュームグループの一覧。ここでは、elementary-vgという名前のボリュームが1つ存在する。

❸ 物理ボリュームの一覧。ここには、ボリュームグループelementary-vgを構成するデバイス
（/dev/sda2）が1つある。

　パーティションでもLVでも、ファイルシステムを利用するためには、次節で説明する2つの手順が必要
です。

5.2.2　ファイルシステムの操作

　ここではパーティションやLVM上にファイルシステムを作る方法、作ったファイルシステムを使う方法
について説明します。これには2つのステップがあります。1つ目のステップは、ファイルシステムの作成
です。Linux以外のOSでは、このステップは**フォーマット**と呼ばれます。2つ目のステップは、マウント
です。マウントはフォーマットしたファイルシステムをファイルシステムツリーに挿入する操作です。

5.2.2.1　ファイルシステムの作成

　ファイルシステムを使用するためには、まずはmkfs（https://www.man7.org/linux/man-pages/man8/
mkfs.8.html）コマンドを使ってファイルシステムを作る必要があります。これによってパーティションや
論理ボリュームにファイルシステムを管理するデータを保存します。mkfsコマンドの引数として指定する
パーティションや論理ボリュームがわからない場合は**表5-1**に掲載したコマンドを使ってください。mkfs
には重要な引数が2つあります。1つ目は作成したいファイルシステムタイプ（「**5.4.1　一般的なファイル
システム**」で説明するオプションの1つを参照）、もう1つはファイルシステムを作成したいデバイス（例
えば論理ボリューム）です。

```
mkfs -t ext4 \ ❶
    /dev/some_vg/some_lv ❷
```

❶ ext4ファイルシステムを作る。

❷ ファイルシステムを論理ボリューム /dev/some_vg/some_lvに作る。

　これらのコマンドを見ればわかるように、ファイルシステムの作成そのものは難しくありません。重要な
のは、どのファイルシステムタイプを使用するかを決めることです。

　mkfsでファイルシステムを作成したら、それをファイルシステムツリーで利用できるようにします。

5.2.2.2　ファイルシステムのマウント

　ファイルシステムのマウントは、ファイルシステムを「/」から始まるファイルシステムツリーに組み
込むことを意味しています。このためにmountコマンド（https://man7.org/linux/man-pages/man8/
mount.8.html）を使用します。mountの主な引数は組み込みたいファイルシステムが存在するデバイスと、
ファイルシステムツリー内の場所です。これに加えてマウントオプション(-o)の指定によって、例えばファ
イルシステムを読み込み専用でマウントするといったことができます。他にも、ファイルシステム全体では
なく、その中のディレクトリをファイルシステムツリーにマウントするためのバインドマウントオプション

（--bind、https://lwn.net/Articles/281157/）などがあります。--bindオプションについてはコンテナの説明のときに改めて説明します。

　引数なしでmountを実行すると、マウント済みのファイルシステムの一覧を表示できます。

```
$ mount -t ext4,tmpfs ❶
tmpfs on /run type tmpfs (rw,nosuid,noexec,relatime,size=797596k,mode=755)
/dev/mapper/elementary--vg-root on / type ext4 (rw,relatime,errors=remount-ro) ❷
tmpfs on /dev/shm type tmpfs (rw,nosuid,nodev)
tmpfs on /run/lock type tmpfs (rw,nosuid,nodev,noexec,relatime,size=5120k)
tmpfs on /sys/fs/cgroup type tmpfs (ro,nosuid,nodev,noexec,mode=755)
```

❶ 特定の種類のファイルシステムのみを表示する（ここではext4とtmpfs）。

❷ LVMの論理ボリューム/dev/mapper/elementary--vg-rootの上に作られたext4ファイルシステムがファイルシステムツリーのrootにマウントされている。

　ファイルシステムをマウントする際には、フォーマットしたときのファイルシステムタイプを指定してマウントする必要があります。例えば、mount -t vfat /dev/sdX2 /mediaを使ってSDカードをマウントしようとする場合、SDカードはvfatでフォーマットされていなければなりません。-aオプションを使用すると、すべてのファイルシステムを試すよう、mountに指定できます。

　マウントはシステムが動作している間だけ有効なので、永続化するためにはfstabファイル（/etc/fstab、https://wiki.archlinux.org/title/Fstab）を使う必要があります。以下は私の/etc/fstabです（出力は紙面の幅に合うように少し編集しています）。

```
$ cat /etc/fstab
# /etc/fstab: static file system information.
#
# Use 'blkid' to print the universally unique identifier for a
# device; this may be used with UUID= as a more robust way to name devices
# that works even if disks are added and removed. See fstab(5).
#
# <file system> <mount point> <type> <options> <dump> <pass>
/dev/mapper/elementary--vg-root / ext4 errors=remount-ro 0 1
# /boot/efi was on /dev/sda1 during installation
UUID=2A11-27C0  /boot/efi vfat umask=0077 0 1
/dev/mapper/elementary--vg-swap_1 none swap sw 0 0
```

　これで、パーティション、論理ボリューム、ファイルシステムの管理方法がわかりました。次は、ファイルシステムツリーの一般的な構成方法について述べます。

5.2.3　一般的なファイルシステムレイアウト

　ファイルシステムツリーが作成できたら、次はファイルの配置方法を決める必要があります。プログラム、設定データ、システムデータ、ユーザデータなどカテゴリ別にディレクトリを作成したくなります。このディレクトリとその内容の構成を、ここではファイルシステムレイアウトと呼ぶことにします。FHS（Filesystem Hierarchy Standard、https://refspecs.linuxfoundation.org/FHS_3.0/fhs/index.html）

は、どこのディレクトリにどのようなファイルの配置が推奨されているかなどを標準化しています。FHS は Linux Foundation が管理しています。FHS は Linux ディストリビューションを作るにあたっての指針の 1 つです。

　FHS の背後にある考え方は素晴らしいのですが、実際にはファイルシステムのレイアウトは、使用する Linux ディストリビューションに大きく依存しています。したがって、man hier コマンドを使って、自分の環境における具体的なファイルシステムツリーの構成を把握することを強くお勧めします。

　あるトップレベルのディレクトリには一般的に**表5-3**に示すディレクトリが存在します。

表5-3　トップレベルのディレクトリに存在する一般的なディレクトリ

ディレクトリ	意味
bin, sbin	システムプログラムとコマンド（通常 /usr/bin と /usr/sbin にリンクされる）
boot	カーネルイメージと関連コンポーネント
dev	デバイス（ターミナル、ディスクドライブ、その他）
etc	システムの設定ファイル
home	ユーザのホームディレクトリ
lib	共有システムライブラリ
mnt、media	リムーバブルメディア（USB メモリなど）のマウントポイント
opt	ディストリビューション固有のものを置く。パッケージマネージャ用のファイルを配置できる
proc, sys	カーネルインタフェース。「**5.3　擬似ファイルシステム**」も参照
tmp	一時ファイル用
usr	ユーザプログラム（通常は読み取り専用）
var	ユーザプログラム（ログ、バックアップ、ネットワークキャッシュなど）

　次に、いくつかの特殊なファイルシステムの説明に移りましょう。

5.3　擬似ファイルシステム

　ファイルシステムは構造化された情報にアクセスする便利な方法です。「すべてはファイルである」という Linux のモットーについてはすでに説明しました。「**5.2　仮想ファイルシステム**」において、Linux が VFS を通してどのように統一されたインタフェースを提供しているかも説明しました。では、VFS の先にブロックデバイス（SD カードや SSD ドライブなど）が紐づいていない場合に、どのようにインタフェースが提供されるのか、詳しく見ていきましょう。

　擬似ファイルシステムは、ファイルシステムのふりをして、通常の方法（ls、cd、cat など）でファイルシステムを操作できるようにしているだけです。しかし、実際にはファイルの中身はディスク上に存在するのではなく、ファイルアクセスによってカーネルと以下のようなやり取りをします。

- プロセスに関する情報の表示
- キーボードのようなデバイスの操作
- 所定のデータの入力元、あるいは不要なデータの出力先として便利に利用できる特別なデバイス

Linux が持つ3つの主要な擬似ファイルシステムについて、古いものから順に詳しく見ていきましょう。

5.3.1　procfs

　LinuxはUNIXからprocfsを受け継ぎました。もともとの目的は、カーネルからプロセス関連の情報を公開し、psやfreeなどのシステムコマンドで使用できるようにすることでした。構造に関するルールはほとんどありません。procfsの登場から時間が経つにつれ、多くのファイルがこのファイルシステムに追加されてきました。procfsには一般的には以下の2種類の情報があります。

- プロセスごとの情報は/proc/PID/にあるもの。これはプロセスに関連する情報で、カーネルはPIDに対応するプロセスの情報をPIDディレクトリ以下のファイルによって公開する。ここで得られる情報の詳細は**表5-4**を参照。/proc/self/は「現在実行中のプロセス」という特別な意味を持つ。
- その他、マウント、ネットワーク関連情報、ttyドライバ、メモリ情報、システムバージョン、稼働時間など。

　表5-4に示したようなプロセスごとの情報は、catのようなコマンドを使うことで簡単に得られます。ほとんどが読み込み専用であることに注意してください。書き込みの意味はファイル（リソース）によって異なります。

表5-4　procfsのプロセスごとの情報のうち、重要なもの

エントリ名	ファイルタイプ	情報
attr	ディレクトリ	セキュリティ属性
cgroup	ファイル	所属するcgroupに関する情報
cmdline	ファイル	コマンドライン
cwd	リンク	作業ディレクトリ
environ	ファイル	環境変数
exe	リンク	実行ファイル
fd	ディレクトリ	開いているファイルのファイルディスクリプタ
io	ファイル	ストレージI/O関連情報（これまでに読み書きされたバイト数/文字数など）
limits	ファイル	リソース制限
mem	ファイル	使用メモリ
mounts	ファイル	マウントされているファイルシステム
net	ディレクトリ	ネットワーク関連の統計情報
stat	ファイル	さまざまな状態
syscall	ファイル	システムコールの使用状況
task	ディレクトリ	タスク（スレッド）単位の情報
timers	ファイル	タイマ関連の情報

　では実際にプロセスの状態を調べてみましょう。ここではstatファイルではなくstatusファイルを使っています。なぜかというとstatファイルには、人間に読みやすくするラベルが付いていないからです。

```
$ cat /proc/self/status | head -10 ❶
Name:    cat
Umask:   0002
State:   R (running) ❷
```

```
Tgid:      12011
Ngid:      0
Pid:       12011 ❸
PPid:      3421 ❹
TracerPid:        0
Uid:       1000    1000    1000    1000
Gid:       1000    1000    1000    1000
```

❶ カレントプロセス（つまりcat）に関するプロセス状態を取得し、最初の10行のみを表示する。

❷ プロセスの状態（runningはCPU上に存在していて実行待ちという意味）。

❸ PID。

❹ 親プロセスのPID。この場合、catコマンドを実行したシェルである。

procfsを使ってネットワークに関する情報を得る例も紹介しましょう。

```
$ cat /proc/self/net/arp
IP address      HW type   Flags    HW address          Mask    Device
192.168.178.1   0x1       0x2      3c:a6:2f:8e:66:b3    *       wlp1s0
192.168.178.37  0x1       0x2      dc:54:d7:ef:90:9e    *       wlp1s0
```

実行例に示したように、/proc/self/net/arpファイルから現在のプロセスに関するARP情報を取得できます。

procfsは低レイヤのデバッグをしているとき（https://oreil.ly/nJ01w）やシステムツールの開発をしている場合に非常に便利です。各ファイルが何を表し、その中の情報をどう解釈するかを理解するためにカーネルドキュメントや、場合によっては、手元のカーネルソースコードが必要なのが欠点の1つです。

では、procfs以外にカーネルが情報を公開するファイルシステムの説明をしましょう。

5.3.2　sysfs

procfsがあまり構造化されていないのに対し、/sys（https://man7.org/linux/man-pages/man5/sysfs.5.html）ファイルシステム（sysfs）はLinuxカーネルが標準化したレイアウトを用いて情報（デバイスなど）が構造化されています。

以下はsysfsのディレクトリです。

block/
　システムに存在する（とカーネルが認識している）ブロックデバイスへのシンボリックリンクを含む。

bus/
　カーネルでサポートされている物理的なバスごとに1つのサブディレクトリが存在する。

class/
　デバイスのクラス（ネットワークデバイス、tpmなど）を含む。

dev/
　個々のデバイスの情報を含む。内部的に2つのサブディレクトリを含み、1つ目はブロックデバイス用のblock/ディレクトリ、もう1つはキャラクタデバイス用のchar/ディレクトリである。これらのディレクトリの中のmajor-ID:minor-IDというディレクトリに、個々のデバイスの情報が入っている。

devices/
　　システムに存在するデバイスをツリー構造として表現している。

firmware/
　　ファームウェアの情報を含む。

fs/
　　ファイルシステムについての情報を含む。

module/
　　カーネルにロードされたモジュールの情報を含む。

　sysfsには他にも多くのサブディレクトリがありますが、上述したものよりさらに新しいものであったり、うまく使うためにはまだドキュメントが足りていなかったりします。sysfsの中には、procfsから同等のものを得られる情報がありますが、例えばメモリ情報などはprocfsからしか得られません。

　では、sysfsの動作を確認してみましょう（出力は紙面に収まるように適当に編集してあります）。

```
$ ls -al /sys/block/sda/ | head -7 ❶
total 0
drwxr-xr-x 11 root root    0 Sep  7 11:49 .
drwxr-xr-x  3 root root    0 Sep  7 11:49 ..
-r--r--r--  1 root root 4096 Sep  8 16:22 alignment_offset
lrwxrwxrwx  1 root root    0 Sep  7 11:51 bdi -> ../../../virtual/bdi/8:0 ❷
-r--r--r--  1 root root 4096 Sep  8 16:22 capability ❸
-r--r--r--  1 root root 4096 Sep  7 11:49 dev ❹
```

❶ ブロックデバイスsdaの情報を示すファイルまたはディレクトリのうち最初に見つかった7行のみを表示。

❷ デバイスファイルに紐づいたデバイス（backing dev）の情報を示すディレクトリへのシンボリックリンク。

❸ デバイスのケーパビリティ（https://www.kernel.org/doc/html/latest/block/capability.html）を取得する。例えばシステムの動作中に取り外し可能かどうかという情報が入っている。

❹ デバイスのメジャー番号とマイナー番号（8:0）が入っている。この番号の意味についてはブロックデバイスドライバのリファレンス（https://oreil.ly/DK9GT）を参照。

　次は、デバイスを管理するdevfsについて見ていきましょう。

5.3.3　devfs

/dev（https://tldp.org/LDP/Linux-Filesystem-Hierarchy/html/dev.html）ファイルシステム（devfs）上には、物理的なデバイス、乱数を発生させられる擬似デバイス、入力となるファイルを捨てるための書き込み専用のデバイスなどが存在します。

　devfsで管理できるデバイスは以下の通りです。

ブロックデバイス
　　データをブロック単位で扱うデバイス。例えば、ストレージデバイス（ドライブ）など

キャラクタデバイス

　データを1文字単位で扱うターミナル、キーボード、マウスなど

特殊デバイス

　データを生成したり、操作したりするデバイス。/dev/nullや/dev/randomなどが有名

　それでは、devfsがどんなものか、実際に見てみましょう。例えば、ランダムな文字列を取得したければ、次のようにできます。

```
tr -dc A-Za-z0-9 < /dev/urandom | head -c 42
```

　上記コマンドは、大文字と小文字、そして数字を含む42文字のランダムなバイト列を生成します。また、/dev/urandomはファイルのように見えます。また実際にファイルのように使えますが、実際には、いくつかのソースを使用して、乱数または擬似乱数を生成する特別なファイルです。次のコマンドはどういう意味か、理解できるでしょうか。

```
echo "something" > /dev/tty
```

　そう、文字列「something」が画面に表示されました。これは意図された動作です。/dev/ttyはターミナルを表し、このコマンドで私たちは何か（文字通り「something」）をターミナルに送りました。

　ファイルシステムとその特徴を理解した上で、次にドキュメントやデータファイルなど、通常のファイルを管理するために使いたいファイルシステムに目を向けてみましょう。

5.4　通常のファイル

　この節では、通常のファイルとそのファイルタイプのためのファイルシステム（https://www.man7.org/linux/man-pages/man5/filesystems.5.html）に焦点を当てます。仕事で使うドキュメント、YAMLとJSON設定ファイル、画像（PNG、JPEGなど）、ソースコード、プレーンテキストファイルなど、作業中に扱う日常的なファイルのほとんどがこのカテゴリに分類されます。

　Linuxでこのようなファイルを扱う方法はたくさんありますが、ここではローカルファイルシステムに焦点を当てます。ここでいうローカルファイルシステムは、Linuxネイティブなものと、Linuxで使える他のOS（Windows/DOSなど）に由来するものの両方を指します。まず、一般的なファイルシステムをいくつか見てみましょう。

5.4.1　一般的なファイルシステム

　「一般的なファイルシステム」という用語には、正式な定義がありません。一般的なファイルシステムとは、Linuxディストリビューションでデフォルトで使われているファイルシステムであるとか、リムーバブルデバイス（USBスティックやSDカード）やCD/DVDのような読み取り専用デバイスに広く使用されているファイルシステムの総称です。

　表5-5では、カーネルがサポートする一般的ないくつかのファイルシステムについて概要を説明した上で、それぞれを比較しています。この節の後半では、このうちのいくつかについて、より詳しく解説します。

表5-5　通常のファイル用の一般的なファイルシステム

ファイルシステム	サポート開始時期	最大ファイルサイズ	最大ファイルシステムサイズ	最大ファイル数	最長ファイル名
ext2 (https://oreil.ly/cL9W7)	1993 年	2 TB	32 TB	10^{18}	255 文字
ext3 (https://oreil.ly/IEnxW)	2001 年	2 TB	32 TB	可変	255 文字
ext4 (https://oreil.ly/482ku)	2008 年	16 TB	1 EB	40 億	255 文字
btrfs (https://oreil.ly/gJQex)	2009 年	16 EB	16 EB	2^{18}	255 文字
XFS (https://oreil.ly/5LHGl)	2001 年	8 EB	8 EB	2^{64}	255 文字
ZFS (https://oreil.ly/HH1Lb)	2006 年	16 EB	2^{128} バイト	ディレクトリごとに 10^{14} 個	255 文字
NTFS	1997 年	16 TB	256 TB	2^{32}	255 文字
vfat	1995 年	2 GB	なし	ディレクトリごとに 2^{16} 個	255 文字

表5-5に挙げた情報は大まかなものにすぎません。例えば、あるファイルシステムが公式にLinuxの一部とみなされるようになった時期を正確に特定するのが難しいことがあります。また、状況によっては表の中の数値が正しいと言えないこともあります。例えば、表には最大ファイルサイズが2 TBと書かれていたとしても、ディスクがフラグメントしている場合にはこのサイズのファイルは作れないかもしれません。

それでは、通常のファイルに対して広く使われているファイルシステムを詳しく見ていきましょう。

ext4

広く使われており、かつ、多くのディストリビューションのデフォルトになっているファイルシステム。ext3との後方互換性を持つ。ext3と同様、ジャーナリング機能をサポートする。ジャーナリング機能を使うとファイルシステムへの変更はジャーナルログという場所に記録される。突然マシンの電源が落ちてファイルシステムに不整合が発生したような状態からの復旧を高速化する。一般的な用途には非常に適している。

XFS

1990年代にSGI（Silicon Graphics）社が自社のワークステーションのために開発を始めたジャーナリングファイルシステム。大きなサイズのファイルをサポートしており、かつ、高速である。Red Hat系のディストリビューションではデフォルトになっている。

ZFS

ZFSは従来型のファイルシステムにボリュームマネージャの機能を追加したもので、2001年にSun Microsystemsが開発を始めた。オープンソースのOpenZFSプロジェクトというものがあるが、LinuxにおけるOpenZFSの仕様にはいくつかの懸念がある。

FAT

Windowsがサポートするファイルファミリのファイルシステムの中のvfatをLinuxに移植したもの。主にWindowsのシステムとUSBメモリなどのメディアを介してファイルをやり取りするのに使う。

データを保存する場所はドライブだけではなく、インメモリという選択肢もあります。

5.4.2　インメモリファイルシステム

　インメモリファイルシステムは数多くあり、汎用的なものもあれば、非常に特殊な用途に使われるものもあります。以下では、広く使われているインメモリファイルシステムをいくつか紹介します（アルファベット順）。

debugfs（https://oreil.ly/j30dd）
　　デバッグに使用される特別な目的のファイルシステム。通常、mount -t debugfs none /sys/kernel/debugでマウントされる。

loopfs（https://oreil.ly/jZi4I）
　　ファイルシステムをデバイスではなくブロックにマッピングすることができる。loopfsが実装された経緯について書かれたメーリングリスト上のスレッド（https://lkml.org/lkml/2020/4/8/506）も参照。

pipefs
　　pipe:にマウントされた、パイプを利用できる特別な（擬似）ファイルシステム。

sockfs
　　ネットワークソケットをファイルのように見せる、もう1つの特別な（擬似）ファイルシステム。システムコールとソケット（https://linux.die.net/man/3/socket）の間に置かれる。

swapfs（https://oreil.ly/g1WsU）
　　スワッピングを実現するために使用される（マウント不可）。

tmpfs（https://oreil.ly/ICkgj）
　　カーネルキャッシュにファイルデータを保持する汎用ファイルシステム。高速だが、永続化はされない（電源を落とすとデータが失われる）。

　次に、特殊なカテゴリに属するファイルシステムについて説明します。特に「6.6　コンテナ」で説明されるコンテナアプリケーションにおいてよく使われます。

5.4.3　コピーオンライトファイルシステム

　コピーオンライト（CoW）は高速なI/Oと少ないディスク使用量を両立しています。コピーオンライトファイルシステムの仕組みを**図5-3**に図示しました。文章でも詳しく説明します。

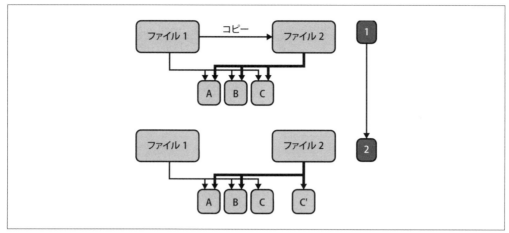

図5-3　コピーオンライトの原則

1. ブロックA、B、Cからなる元のファイル「ファイル1」を、「ファイル2」というファイルにコピーする。実際のブロックをコピーするのではなく、メタデータ（ブロックへのポインタ）のみをコピーしている。メタデータのみ作成されるため、高速で容量もあまり使わない。

2. ファイル2が変更されると（例えばブロックCに変更があるとする）、ブロックCだけがコピーされる。C′という新しいブロックが作られ、変更されたデータはブロックC′に保存する。変更されていないブロックAとBは引き続きファイル2から参照されたままになる。

他にもユニオンマウント（https://en.wikipedia.org/wiki/Union_mount）という概念があります。ユニオンマウントは、複数のディレクトリを1つの場所に結合（マウント）することです。このとき、ユニオンマウントされたディレクトリには、マウントに使用した複数のディレクトリに存在するすべてファイルが見えます。ユニオンマウントでは、よく「upperファイルシステム」と「lowerファイルシステム」という用語が使われますが、これはマウントのレイヤ順を示唆するものです。詳細は「Unifying filesystems with union mounts」（https://lwn.net/Articles/312641/）の記事を参照してください。

ユニオンマウントは非常に複雑です。あるファイルが複数の場所に存在する場合に何が起こるか、あるいはファイルへの書き込みや削除が何を意味するかについて、理解しておかなければなりません。

ここでは、Linuxファイルシステムにおけるコピーオンライトファイルシステムをいくつか紹介します。コンテナイメージの構成要素としての利用については、**「6章　アプリケーション、パッケージ管理、コンテナ」**で詳しく見ていくことにします。

Unionfs（https://oreil.ly/rWKZO）

Unionfsはユニオンマウントをサポートするコピーオンライトファイルシステムで、もともとはニューヨーク州立大学ストーニーブルック校で開発された。異なるファイルシステムからのファイルとディレクトリを透過的にオーバーレイすることができる。CD-ROMやDVDで広く普及し、利用された。

OverlayFS（https://oreil.ly/5HzmC）

2009年に導入され、2014年にカーネルに追加されたLinux用のユニオンマウントファイルシステム実装。OverlayFSでは、upperファイルシステムにのみ存在するファイルに対する書き込みはupperファイルシステムが処理する。lowerファイルシステムに存在するファイルに書き込むと、upperファイルシステムにファイルをコピーした上でupperファイルシステム上のデータを更新する。

AUFS（https://oreil.ly/kdjge）

AUFS（advanced multilayered unification filesystemの略、元はAnotherUnionFS）はユニオンマウントを実装するファイルシステムの1つである。まだカーネルに統合されていない。過去にはDocker（「6.6.4　Docker」を参照）がデフォルトのストレージドライバとしてAUFSを使用していた（現在はOverlayFSがデフォルト）。

btrfs（https://oreil.ly/z1uxq）

Oracle社が開発を始めたコピーオンライトファイルシステム。b-tree filesystem（「butterFS」または「betterFS」と発音する）の略である。現在では、Facebook、Intel、SUSE、Red Hatなど、多くの企業がbtrfsの開発に寄与している。

スナップショット（ソフトウェアベースのRAID用）や、ディスク上のデータ破損の自動検出など、多くの機能を備えている。このためbtrfsは、例えばサーバなど、プロフェッショナルな環境に非常に適している。

5.5　まとめ

この章では、Linuxにおけるファイルとファイルシステムについて説明しました。ファイルシステムは、情報へのアクセスを階層的に整理するための、柔軟で優れた方法です。Linuxには、ファイルシステムに関する技術やプロジェクトが数多くあります。オープンソースのものもありますが、商用で提供されているものもあります。

ドライブからパーティション、論理ボリュームに至るまで、基本的な構成要素について説明しました。LinuxはVFSを使って「すべてはファイルである」という抽象化を実現し、ローカルでもリモートでも、事実上あらゆる種類のファイルシステムをサポートします。

カーネルは/procや/sysなどの擬似ファイルシステムを使用して、プロセスやデバイスに関する情報を公開します。カーネルとのやり取りに使うこれらのファイルシステムは、ext4のようなローカルファイルシステム（ディスク上にファイルを保存するために使用）と同じように操作することができます。

その後、ローカルファイルシステム、コピーオンライトファイルシステムについて説明しました。LinuxはWindowsのような他のOSから派生したものも含め、さまざまなファイルシステムをサポートしています。

この章で取り上げたトピックは、以下のリソースでより深く掘り下げることができます。

基本的なこと

- 「UNIX File Systems: How UNIX Organizes and Accesses Files on Disk」（https://oreil.ly/8a3Zr）
- 「KHB: A Filesystems Reading List」（https://oreil.ly/aFqjg）

VFS

- 「Overview of the Linux Virtual File System」（https://oreil.ly/pnvQ4）
- 「Linux Virtual Filesystem（VFS）」（https://oreil.ly/sqSHK）
- ArchWikiのページ「LVM」（https://oreil.ly/kOfU1）
- 「LVM2 Resource Page」（https://oreil.ly/Ds7me）
- 「How to Use GUI LVM Tools」（https://oreil.ly/UTFpL）
- 「Linux Filesystem Hierarchy」（https://oreil.ly/osXbo）
- 「Persistent BPF Objects」（https://oreil.ly/sFdVo）

通常のファイル

- redditのスレッド「Filesystem Efficiency - Comparison of EXT4, XFS, BTRFS, and ZFS」（https://oreil.ly/Y3rAh）
- 「Linux Filesystem Performance Tests」（https://oreil.ly/ZrPci）
- Linux.orgのSSD用ファイルシステムのスレッド「Comparison of File Systems for an SSD」（https://oreil.ly/DBboM）
- 「Kernel Korner - Unionfs: Bringing Filesystems Together」（https://oreil.ly/Odkls）
- 「Getting Started with btrfs for Linux」（https://oreil.ly/TLylF）

　ファイルシステムに関する知識が得られたので、次はアプリケーションの管理方法と起動方法に焦点を当てます。

6章
アプリケーション、
パッケージ管理、コンテナ

　この章では、Linuxのアプリケーションについて説明します。アプリケーション（または単にアプリ）という用語は、プログラム、バイナリ、または実行ファイルと同じ意味で使われます。これらの用語の違いについては後ほど説明します。まずはアプリケーションとパッケージなどの用語を定義します。

　その後にLinuxがアプリケーションをどのように起動し、どのようにサービスを実現するかについて説明します。これは起動プロセスとしても知られています。initシステム、特に最近では標準となったsystemdエコシステムに焦点を当てます。

　次に、パッケージ管理について、まずアプリケーションサプライチェーンを確認し、それぞれのフェーズがどうなっているかを確認します。既存の仕組みと課題について説明するために、アプリケーションが伝統的にどのように配布されインストールされてきたか確認しておきます。Red HatからDebianベースのシステムまで、伝統的なLinuxディストリビューションにおけるパッケージ管理について説明します。PythonやRustのようなプログラミング言語固有のパッケージマネージャについても少し触れます。

　次に、コンテナについて、コンテナが何であり、どのように動作するかに焦点を当てます。コンテナの構成要素、ツール、コンテナの使用に関するグッドプラクティスを確認します。

　この章の最後には、Linuxアプリケーションを管理するモダンな方法、特にデスクトップ環境における方法について見ていきます。これらのモダンなパッケージマネージャソリューションのほとんどは、何らかの形でコンテナも利用しています。

サンプル：greeter

　この章では、いくつかの動作確認のために、greeterというサンプルを使用します。これは単純なシェルスクリプトで、与えられた名前、あるいは何も与えられなくても挨拶をエコーで表示します。

　事前に、以下のbashスクリプトをgreeter.shというファイルで保存し、chmod 750 greeter.shで実行可能にしてください（chmodについては「4.3.1　ファイルのパーミッション」を参照）。

```
#!/usr/bin/env bash

set -o errexit
set -o errtrace
```

```
set -o pipefail

name="${1}"

if [ -z "$name" ]
then
  printf "You are awesome!\n"
else
  printf "Hello %s, you are awesome!\n" ${name}
fi
```

では早速、アプリケーションとは何かについて説明します。関連する用語についても併せて説明します。

6.1　基本

アプリケーション管理、initシステム、コンテナなどの前に、これらを説明するために必要な言葉の定義を確認しておきましょう。なぜ6章になって初めてアプリに関する詳細に踏み込むかというと、アプリを完全に理解するために必要な前提知識（Linuxカーネル、シェル、ファイルシステム、セキュリティ面など）をここまでに説明したことで、ようやくアプリに取り組める状態になったからです。

プログラム

これは通常、バイナリファイルかシェルスクリプトで、Linuxがメモリにロードして実行するもの。これらのことを**実行ファイル**と呼ぶ。実行ファイルの種類により、どのように実行するかが決まる。例えば、シェルスクリプトであれば、シェル（「3.1.2　シェル」参照）がそのスクリプトを解釈して実行する。

プロセス

メインメモリにロードされ、CPUまたはI/Oを使用し、スリープしていない状態の実行中のプログラム。「2.3.1　プロセス管理」と「3章　シェルとスクリプト」も参照。

デーモン（Daemon）

デーモンプロセスの略で、サービスと呼ばれることもある。これは、他のプロセスに特定の機能を提供するバックグラウンドプロセス。例えば、プリンタデーモンは、印刷を可能にする。また、ウェブサービス、ロギング、時間、その他日常的に使用するツールに対応するデーモンもある。

アプリケーション

依存関係を含むプログラム。通常はユーザインタフェースをはじめとした、実質的なプログラムである。アプリケーションという用語に対して、プログラム、その構成、およびそのデータのライフサイクル全体を含む。ライフサイクルはアプリケーションのインストールからアップグレード、削除までが含まれる可能性がある。

パッケージ

ソフトウェアアプリケーションを配布するために、プログラムと設定を1つにまとめたファイル。

パッケージマネージャ

パッケージを入力とし、その内容とユーザの指示により、Linux環境にインストール、アップグレード、または削除を行う管理プログラム。

サプライチェーン

パッケージ単位でアプリケーションを探して利用できるようにする、ソフトウェア開発者や販売者の集まり。詳細は「**6.4　Linuxアプリケーションのサプライチェーン**」を参照。

ブート

カーネルのロードやサービス（デーモン）プログラムの起動など、ハードウェアとOSの初期化を行い、Linuxを利用できる状態にすることを目的としたLinuxの起動シーケンス。

これらの用語について明確になったと思います。それではLinuxがどのように起動され、どのようにデーモンが起動するのかを見てみましょう。

6.2　Linuxの起動プロセス

Linuxの起動プロセス（https://en.wikipedia.org/wiki/Linux_startup_process）は通常、ハードウェアとカーネルが連携しながら動作する複数の工程のことを指します。

図6-1では、一連の起動プロセスを示しており、次の5つのステップで構成されています。

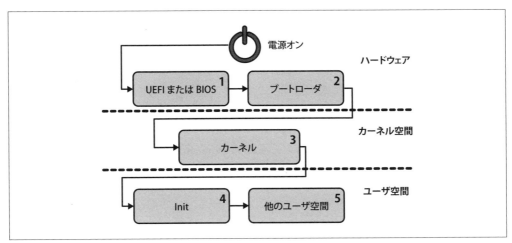

図6-1　Linuxの起動プロセス

1. モダンな環境では、Unified Extensible Firmware Interface（https://uefi.org、UEFI）仕様がブート設定（NVRAMに保存）とブートローダを定義している。古いシステムでは、POST（Power On Self Test）が完了した後、BIOS（**囲み「BIOSとUEFI」**参照）がハードウェアを初期化（I/Oポートと割り込みを管理）して、ブートローダに制御を引き継ぐ。

2. ブートローダの目的は、カーネルをロード（ブートストラップ）することである。ブートメディアによって、その詳細は若干異なるかもしれない。ブートローダには大きく2つの分類があり、モダンなもの（GRUB 2、systemd-boot、SYSLINUX、rEFIndなど）と、レガシーなもの（LILO、GRUB 1など）が存在する。

3. カーネルは通常、圧縮された形で/bootディレクトリに保存されている。つまり、最初のステップはカーネルを展開し、メインメモリにロードすることである。サブシステム、ファイルシステム、ドライバの初期化（「**2章　Linuxカーネル**」と「**5.2.2.2　ファイルシステムのマウント**」で説明する）の後、カーネルは制御をinitシステムに引き渡し（/sbin/initファイルを実行）、これでカーネルの起動プロセスは終了する。

4. initシステム（initプロセス）は、システム全体でデーモン（サービスプロセス）を起動する。このinitプロセスは、プロセス階層の根元であり、プロセスID（PID）は1。PID 1のプロセスは、システムの電源を切るまで存在し続ける。さまざまなデーモンの起動をするほか、PID 1のプロセスは伝統的にゾンビ化したプロセス（親プロセスを持たなくなったプロセス）の回収もしている。

5. この後、通常は環境に応じて他のユーザ空間レベルの初期化が行われる。

   - 「**3章　シェルとスクリプト**」で説明したように、通常は、ターミナル、環境、シェルの初期化が行われる。
   - GUIを持つデスクトップ環境では、ディスプレイマネージャやグラフィカルサーバなどが、ユーザの設定を考慮しながら起動される。

これでLinux起動プロセスの概要となります。次にユーザと接するコンポーネントであるinitシステムに焦点を当てます。この部分（ステップ4と5）は、ユーザにとって最も関連性の高い箇所であり、Linuxインストールをカスタマイズし拡張することも可能です。

Gentoo wikiのinitシステムの比較（https://wiki.gentoo.org/wiki/Comparison_of_init_systems/ja）で各initシステムの機能が比較できます。この節では、現在のほぼすべてのLinuxディストリビューションが使用しているsystemdに限定して説明します。

System V Init

「System V-style init」プログラム（https://savannah.nongnu.org/projects/sysvinit、略して「SysV init」）は、Linuxの伝統的なinitシステムでした。LinuxはUnixからSysVを継承しており、いわゆる**ランレベル**（システムの状態、例えばhalt、single-user、multi-userモード、GUIモード）を定義し、/etc/init.dにその設定を保存しています。しかし、デーモンを1つずつ順番に起動[1]するためにシステム全体の起動処理が遅くなります。さらに、ディストリビューションごとに実装が大きく異なるために移植性が低いという問題もあります。

本書のレビューアの1人であるChrisは、1984年ごろにSysV initのドキュメントを最初に書いた人物です（エンジニアが週末に設計したものと伝えられています）。

6.3　systemd

systemd（https://systemd.io）は当初initdに置き換わるinitシステムでしたが、今日ではロギング、ネットワーク設定、ネットワーク時刻同期（NTP）、udevdなどの機能を含む強力なシステムとなっていま

---

[1] 訳注：SysV initはシングルCPU時代の古いものです。マルチプロセッサ環境でも並列で複数のデーモンを起動しないため、CPUを1つしか使わないことになり効率が悪く、すべてのデーモンの起動が完了するまでに時間がかかります。

す。デーモンとその依存関係の定義が柔軟で移植性が高いのと、設定を制御するための統一されたインタフェースを提供しているという利点があります。

2011年5月からFedora、2012年9月からopenSUSE、2014年4月からCentOS、2014年6月からRHEL、2014年10月からSUSE Linux、2015年4月からDebian、2015年4月からUbuntuがsystemdを採用しました。現在ではほぼすべてのLinuxディストリビューションでsystemdが採用されています。

特に、systemdは以下のような点で、これまでのinitシステムの欠点に対処しています。

- ディストリビューションに依存しない起動を管理する統一された方法を提供
- 高速かつ理解しやすいサービス設定の実装
- 監視、（cgroupによる）リソース使用量の制御、ビルトインの監査などを含む、モダンな管理スイートを提供

さらに、initは初期化時にサービスを順番に（つまり英数字順に）起動しますが、systemdは依存関係が解決しているサービスを並列で起動できるので、起動時間が短縮されます。

何を、いつ、どのように実行するかをユニットに記載し、systemdに指示できます。

6.3.1　ユニット

systemdのユニットとは、その機能やリソースによって異なる意味を持つ、論理的なグループです。systemdは対象となるリソースに応じて、いくつかのユニットがあります。

service ユニット
　　サービスやアプリケーションの管理について記述する。

target ユニット
　　依存関係を取得する。

mount ユニット
　　マウントポイントを定義する。

timer ユニット
　　cron ジョブなどのタイマを定義する。

他に、あまり使う機会がないかもしれませんが、以下のようなユニットタイプもあります。

socket
　　ネットワークやIPC ソケットを定義する。

device
　　udev や sysfs が使用する。

automount
　　自動マウントポイントを設定する。

swap
　　スワップの設定をする。

path
　　ファイルやパス監視によるサービス起動をする。

snapshot
　　変更してもシステムの現在の状態を再構築できるようにする。

slice
　　cgroupに関連するもの（「6.6.2　cgroup」参照）。

scope
　　外部で作成されたシステムプロセスのセットを管理する。

　systemdに認識させるには、ユニットをファイルとして配置する必要があります。systemdは複数の場所にあるユニットファイルを探します。重要なファイルパスは以下の3つです。

/lib/systemd/system
　　パッケージでインストールされたユニット

/etc/systemd/system
　　システム管理者が設定したユニット

/run/systemd/system
　　一時的な実行時のユニット

　systemdの基本的なユニットについて理解したところで、コマンドラインからのsystemdの制御方法を説明します。

6.3.2　systemctlによる管理

　systemdを介してサービスを管理するためにsystemctl（https://man7.org/linux/man-pages/man1/systemctl.1.html）を使います。

　表6-1に、よく使われるsystemctlコマンドの一覧をまとめました。

表6-1　よく使われるsystemdコマンド

コマンド	使用例
systemctl enable *XXXXX*.service	サービスを有効にする。LinuxOS起動時に自動でサービスが起動する。
systemctl daemon-reload	すべてのユニットファイルを再読み込みし、依存関係ツリー全体を再構築する。
systemctl start *XXXXX*.service	サービスを開始する。
systemctl stop *XXXXX*.service	サービスを停止する。
systemctl restart *XXXXX*.service	サービスを停止してから起動する。
systemctl reload *XXXXX*.service	サービスにreloadコマンド（ExecReload=で設定）を発行する。
systemctl kill *XXXXX*.service	サービスの実行を停止する。
systemctl status *XXXXX*.service	サービスの状態についてログを含む簡単なサマリを取得する。

　依存関係の管理やシステム全体の制御（例えばreboot）まで、systemctlが提供するコマンドは他にも多くあります。

systemd エコシステムには、知っておくと便利なコマンドラインツールが他にもたくさんあります。以下にいくつか挙げておきますが、他にもたくさんあります。

bootctl（https://man7.org/linux/man-pages/man1/bootctl.1.html）
ブートローダの状態をチェックし、利用可能なブートローダを管理できる。

timedatectl
時間と日付関連の情報（https://opensource.com/article/20/6/time-date-systemd）にあるような、時間関連の設定、表示ができる。

coredumpctl
保存されたコアダンプを解析できる。トラブルシューティングのときに使う。

訳者補
他に、systemd-analyze security（各サービスのセキュリティの分析、レベルを表示）、systemd-analyze plot（サービスの開始と初期化にかかった時間をグラフ表示）、systemd-bootchart（systemd-analyze plotの情報に加えて、カーネルの起動時間、CPU、I/Oなどリソース消費などをグラフ表示）など、現場で役立つツールがあります。

6.3.3 journalctlによる監視

ジャーナルはsystemdのコンポーネントです。技術的にはsystemd-journaldデーモンが管理するバイナリファイルで、systemdが記録するログを一元的に保存します。詳しくは「8.2.2 journalctl」で説明します。ここではsystemdが管理するログの閲覧ツールであると認識しておいてください。

6.3.4 greeterのスケジューリング例

systemdを実際に動かしてみましょう。単純な使用例として、1時間ごとにgreeterアプリ（**囲み「サンプル：greeter」**を参照）を起動します。

まず、serviceファイルを作成しsystemdのユニットを定義します。これはsystemdにgreeterアプリをどのように起動するかを設定します。以下をgreeter.serviceというファイル（任意のディレクトリ、一時的なものでもかまいません）に保存します。

```
[Unit]
Description=My Greeting Service ❶

[Service]
Type=oneshot
ExecStart=/home/mh9/greeter.sh ❷
```

❶ サービスの説明。systemctl status を使用したときに表示される。
❷ systemdにより起動させるアプリのフルパス（試す場合は自分の環境に合わせてパスを変更する）。

次に、timerユニット（https://wiki.archlinux.org/title/Systemd/Timers）を用意して、1時間ごとにgreeterサービスを起動するようにします。以下の内容をgreeter.timerというファイルに格納します。

```
[Unit]
Description=Runs Greeting service at the top of the hour

[Timer]
OnCalendar=hourly ❶
```

❶ systemdの日時フォーマット（https://oreil.ly/pinVc）の通りにスケジュールを定義。

訳者補
ここではhourlyで1時間ごとにタイマが起動するように設定しています。これは2:00、3:00など00分に実行されます。次に実行される時間などはsystemctl list-timerで確認できます。

ここで、両方のユニットファイルを/run/systemd/systemにコピーして、systemdに認識させます。

```
$ sudo ls -al /run/systemd/system/
total 8
drwxr-xr-x  2 root root  80 Sep 12 13:08 .
drwxr-xr-x 21 root root 500 Sep 12 13:09 ..
-rw-r--r--  1 root root 117 Sep 12 13:08 greeter.service
-rw-r--r--  1 root root 107 Sep 12 13:08 greeter.timer
```

greeterタイマ（serviceファイルとtimerファイルのペアから構成される）をディレクトリにコピーすると、systemdが自動的に認識するので、これで使えるようになります。

UbuntuなどDebian系のディストリビューションでは、デフォルトでサービスユニットを有効にして起動します。Red Hat系は、明示的にsystemctl start greeter.timerを実行しないとサービスを開始しません。これはLinuxOSの起動時にサービスを有効にする場合も同様で、Debian系のディストリビューションはデフォルトでサービスを有効にしますが、Red Hat系のディストリビューションはsystemctl enableと明示的に実行する必要があります。

それでは、greeterタイマの状態を確認します[2]。

```
$ sudo systemctl status greeter.timer
● greeter.timer - Runs Greeting service at the top of the hour
   Loaded: loaded (/run/systemd/system/greeter.timer; static; \
   vendor preset: enabled)
   Active: active (waiting) since Sun 2021-09-12 13:10:35 IST; 2s ago
  Trigger: Sun 2021-09-12 14:00:00 IST; 49min left
Sep 12 13:10:35 starlite systemd[1]: \
Started Runs Greeting service at the top of the hour.
```

それではsystemdが、設定したスケジュール通りにgreeterを実行するか確認します。まずはログを確認します（出力は一部省略しており、stdoutの表示が直接ログに出力されています）。

※2　訳注：原書のまま記載しましたが、systemctl statusにsudoは不要です。

Go

goにはパッケージ管理が組み込まれている（go get、go mod）。

Node.js

npmなどがある。

Java

mavenやnutsなどがある。

Python

pipとPyPMがある。

Ruby

rubygemsとRailsがある。

Rust

Cargoがある。

それでは、コンテナでどのようにアプリケーションを管理するかについて見ていきます。

6.6　コンテナ

本書でコンテナは、Linuxのnamespace、cgroup、オプションでコピーオンライトファイルシステムを使用してアプリケーションレベルの依存関係の管理を行うプロセスのグループと定義します。コンテナの用途は、ローカルのテストと開発（https://oreil.ly/6RPcT）から、分散システムの構築、例えば、Kubernetes（https://kubernetes.io）でコンテナ化したマイクロサービスの構築まで、多岐にわたります。

コンテナは開発者やシステム管理者にとって非常に便利ですが、エンドユーザとしては、アプリケーションを管理する、より高いレベルのツールとして使えた方が嬉しいでしょう。例えば、「6.7　モダンなパッケージマネージャ」で説明されているようなものです。

あのときコンテナさえあれば

以前に、InfluxDBという時系列データベースの概念を検証したことがあります。このデータベースを使えるようにするために、ディレクトリの作成やデータのコピー、依存パッケージのインストールなど、多くの処理が必要でした。これを同僚に引き継いで、顧客にデモンストレーションしてもらうことになった際は、すべての手順と、すべてが想定通りの動作になっていることの確認をする非常に細かいドキュメントを作成することになりました。

もし当時、Dockerなどのコンテナソリューションがあれば、すべてをコンテナにまとめるだけで、私自身も同僚も多くの時間を節約できたはずです。そうすれば、同僚が簡単に使えるようになっただけでなく、同僚の環境でも私のラップトップとまったく同じ動作が保証されたはずです。

Linuxにはコンテナは昔からありました。しかし、広く使われるようになったのは、2014年ごろから登場したDockerのおかげです。それ以前にも、開発者ではなくシステム管理者をターゲットにしたコンテナ導入の動きは数多くあり、以下のようなものがありました。

- Linux-VServer（2001、https://en.wikipedia.org/wiki/Linux-VServer）
- OpenVZ（2005、https://openvz.org/）
- LXC（2008、https://linuxcontainers.org/）
- Let Me Contain That for You（lmctfy、2013、https://github.com/google/lmctfy）

　これらのアプローチに共通しているのは、Linuxカーネルが提供するnamespaceやcgroupなどの基本的な構成を使って、ユーザがアプリケーションを実行できるようにしていることです。

　Dockerはこの概念を革新し、コンテナイメージによるパッケージングを定義する標準的な方法と、使いやすいユーザインタフェース（例えば、docker run）の2つの画期的な要素を導入しました。コンテナイメージを定義し配布する方法と、コンテナを実行する方法は、現在OCI（Open Container Initiative、https://opencontainers.org）のコア仕様の基礎となっています。ここでコンテナについてはOCIに準拠した実装を重点的に扱います。

　OCIコンテナのコア仕様は、以下の3つです。

ランタイム仕様（https://github.com/opencontainers/runtime-spec）
　　ランタイム（コンテナイメージの実行時）で必要となるものを定義し、操作やライフサイクルフェーズを含む。

イメージフォーマット仕様（https://github.com/opencontainers/image-spec）
　　メタデータとレイヤに基づいて、コンテナイメージをどのように構築するかを定義している。

配布仕様（https://github.com/opencontainers/distribution-spec）
　　コンテナイメージがどのように配布されるかを定義し、コンテナでリポジトリが有効に機能する方法を定義する。

　コンテナに関連するもう1つの考え方は、不変性です。これは、一度行った設定は、使用中に変更できないということです。言い換えると、変更するには、新しい設定を適用したコンテナイメージを作成した上で、それを使った新たなコンテナを作成する必要があります。これについては、コンテナイメージの説明をする際に改めて触れます。

　さて、コンテナの概念を理解できたと思いますので、OCI準拠のコンテナの構成要素について詳しく見ていきましょう。

6.6.1　namespace

　「1章　Linuxの入門」で説明したように、Linuxは当初、すべてのプロセスにすべてのリソースが見えていました。

　プロセスごとにリソース（ファイルシステム、ネットワーク、あるいはユーザなど）の見え方を変更できるようにするために、Linuxはnamespaceという機能を追加しました。言い換えれば、Linux namespace（https://man7.org/linux/man-pages/man7/namespaces.7.html）は、リソースの可視化がすべてであり、OSのリソースを別の側面から分離するのに使用します。

　namespaceによるリソースの分離はプロセスからのリソースの見え方を変えるだけでありカーネル内で強く分離されているわけではありません。したがってセキュリティ上のリスクがあります。

　namespaceを作成するために、3つのシステムコールを使います。

clone（https://man7.org/linux/man-pages/man2/clone.2.html）
親プロセスと実行コンテキストの一部を共有する子プロセスを作成する。

unshare（https://man7.org/linux/man-pages/man2/unshare.2.html）
既存のプロセスから共有された実行コンテキストを削除する。

setns（https://man7.org/linux/man-pages/man2/setns.2.html）
既存のプロセスを既存のnamespaceに参加させる。

これらシステムコールはパラメータとして一連のフラグを受け取り、作成、参加、または離脱するnamespaceを細かく制御します。

CLONE_NEWNS
ファイルシステムのマウントポイント（https://oreil.ly/i1Igl）に使用する。/proc/$PID/mountsで確認できる。Linux 2.4.19以降でサポートされている。

CLONE_NEWUTS
ホスト名と（NIS）ドメイン名（https://lwn.net/Articles/179345/）の分離に使用する。uname -nとhostname -fで表示される。Linux 2.6.19以降でサポートされている。

CLONE_NEWIPC
System VのIPCオブジェクトやPOSIXメッセージキューのようなIPC（プロセス間通信、https://lwn.net/Articles/187274/）リソースの分離に使用する。/proc/sys/fs/mqueue、/proc/sys/kernel、/proc/sysvipcで確認できる。Linux 2.6.19以降でサポートされている。

CLONE_NEWPID
PID namespaceの分離（https://lwn.net/Articles/259217/）のために使用する。/proc/$PID/statusで確認できる。Linux 2.6.24以降でサポートされている。

CLONE_NEWNET
ネットワークデバイス、IPアドレス、IPルーティングテーブル、ポート番号などのネットワークシステムリソース（https://lwn.net/Articles/219794/）の可視性を制御するために使用する。ip netns list、/proc/net、/sys/class/netで確認できる。Linux 2.6.29以降でサポートされている。

CLONE_NEWUSER
UID + GID（https://lwn.net/Articles/528078/）をnamespaceの内外にマッピングするのに使用する。UIDとGIDとそのマッピングはidコマンドと/proc/$PID/uid_map、/proc/$PID/gid_mapで確認できる。Linux 3.8以降でサポートされている。

CLONE_NEWCGROUP
namespace内のcgroup（https://man7.org/linux/man-pages/man7/cgroup_namespaces.7.html）の管理に使用する。これは/sys/fs/cgroup、/proc/cgroups、/proc/$PID/cgroupで確認できる。Linux 4.6以降でサポートされている。

システムで使用されているnamespaceを表示するには、lsnsコマンドを実行します（出力は一部省略）。

```
$ sudo lsns
        NS TYPE   NPROCS  PID USER        COMMAND
4026531835 cgroup    251    1 root        /sbin/init splash
```

```
4026531836 pid     245    1 root           /sbin/init splash
4026531837 user    245    1 root           /sbin/init splash
4026531838 uts     251    1 root           /sbin/init splash
4026531839 ipc     251    1 root           /sbin/init splash
4026531840 mnt     241    1 root           /sbin/init splash
4026531860 mnt      1    33 root           kdevtmpfs
4026531992 net     244    1 root           /sbin/init splash
4026532233 mnt      1   432 root           /lib/systemd/systemd-udevd
4026532250 user     1  5319 mh9            /opt/google/chrome/nacl_helper
4026532316 mnt      1   684 systemd-timesync /lib/systemd/systemd-timesyncd
4026532491 mnt      1   688 systemd-resolve /lib/systemd/systemd-resolved
...
```

次に取り上げるコンテナ構成要素は、リソース消費の制限とリソース使用量です。

6.6.2　cgroup

namespaceはリソースの可視性に関するものでしたが、cgroup（https://www.man7.org/linux/man-pages/man7/cgroups.7.html）はリソースの使用を制限するためのものです。cgroupはプロセスのグループに対して適用するものであり、階層構造になっています。さらに、cgroupはリソースの使用状況を追跡できます。例えば、プロセス（グループ）がどれくらいのRAMやCPU時間を使用しているかを表示します。cgroupはリソースごとにコントローラというコードがカーネル内に存在します。

現時点で、カーネルにはcgroup v1とv2の2つのバージョンがあります。cgroup v1はまだ広く使われていますが、いずれはv2に置き換わるでしょう。

6.6.2.1　cgroup v1

cgroup v1（https://www.kernel.org/doc/html/latest/admin-guide/cgroup-v1/index.html）では、Linuxの開発者たちは必要に応じて新しいcgroupやそれに対応するコントローラを追加するという、その場しのぎのアプローチをとっていました。cgroup v1には以下のようなコントローラがあります（古いものから新しいものの順です。ドキュメントはあまりまとまっておらず、いたるところにあります）。

CFS 帯域制御（https://oreil.ly/vGu0Y）
　　cpu cgroup経由で使用する。Linux 2.6.24以降でサポートされている。

CPU アカウンティングコントローラ（https://oreil.ly/7NSLN）
　　cpuacct cgroup経由で使用する。Linux 2.6.24以降でサポートされている。

cpusets cgroup（https://oreil.ly/sJp4X）
　　CPUとメモリをタスクに割り当てることができる。Linux 2.6.24以降でサポートされている。

メモリリソースコントローラ（https://oreil.ly/VjsXY）
　　タスクのメモリ利用を分離する。Linux 2.6.25以降でサポートされている。

デバイスホワイトリストコントローラ（https://oreil.ly/DklEJ）
　　デバイスファイルの使用を制御する。Linux 2.6.26以降でサポートされている。

freezer cgroup（https://oreil.ly/waLVz）
　　バッチジョブを管理する。Linux 2.6.28以降でサポートされている。

引数や環境変数
　　ARGS、ENVで設定できる。

ビルド時の指定
　　COPY、RUNなどでイメージの構築についてレイヤごとに定義できる。

ランタイムの指定
　　CMDとENTRYPOINTなどでコンテナの実行方法を定義する。

　docker buildコマンドを使用すると、アプリケーションを表すファイルの一式（ソースまたはバイナリ）をDockerfileとともにコンテナイメージに変換します。このコンテナイメージは、実行したり、レジストリにプッシュすることで、他の人でも実行できるように配布ができます。

6.6.4.2　コンテナの実行
　コンテナはターミナルをアタッチして対話的に使うこともできますし、バックグラウンドでデーモンとして実行することもできます。docker run（https://docs.docker.com/engine/reference/commandline/run/）コマンドは、コンテナイメージと、環境変数、公開するポート、マウントするボリュームなど実行時の入力セットを受け取ります。この情報をもとに、Dockerは必要なnamespaceとcgroupを作成し、コンテナイメージで定義されたアプリケーション（CMDまたはENTRYPOINT）を起動します。
　それではDockerを実際に使ってみます。

6.6.4.3　例：コンテナでのgreeter
　今回作成したgreeterアプリ（**囲み「サンプル：greeter」**参照）をコンテナに入れ、実行してみましょう。まず最初に、Dockerfileを定義します。コンテナイメージをビルドするための指示を含むものです。

```
FROM ubuntu:20.04 ❶
LABEL org.opencontainers.image.authors="Michael Hausenblas" ❷
COPY greeter.sh /app/ ❸
WORKDIR /app ❹
RUN chown -R 1001:1 /app
USER 1001                  ❺
ENTRYPOINT ["/app/greeter.sh"] ❻
```

❶ ベースとなるイメージのタグ（20.04）で指定。

❷ ラベルでメタデータを設定。

❸ シェルスクリプトをコピー。バイナリ、JARファイル、Pythonスクリプトなども可。

❹ 作業ディレクトリを設定。

❺ アプリを実行するユーザを定義。これをしないと、rootで実行される。

❻ 実行するシェルスクリプトを定義。ここではENTRYPOINTを使っているが、docker run greeter:1 _SOME_PARAMETER_ でパラメータを渡すこともできる。

次に、コンテナイメージを構築します。

```
$ sudo docker build -t greeter:1 . ❶
Sending build context to Docker daemon  3.072kB
```

```
Step 1/7 : FROM ubuntu:20.04 ❷
20.04: Pulling from library/ubuntu
35807b77a593: Pull complete
Digest: sha256:9d6a8699fb5c9c39cf08a0871bd6219f0400981c570894cd8cbea30d3424a31f
Status: Downloaded newer image for ubuntu:20.04
 ---> fb52e22af1b0
Step 2/7 : LABEL org.opencontainers.image.authors="Michael Hausenblas"
 ---> Running in 6aa921276c3b
Removing intermediate container 6aa921276c3b
 ---> def717e3352b
Step 3/7 : COPY greeter.sh /app/
 ---> 5f3eb160fea3
Step 4/7 : WORKDIR /app
 ---> Running in 698c29938a96
Removing intermediate container 698c29938a96
 ---> d73572886c13
Step 5/7 : RUN chown -R 1001:1 /app
 ---> Running in 5b5eb5d1935a
Removing intermediate container 5b5eb5d1935a
 ---> 42c35a6db6e2
Step 6/7 : USER 1001
 ---> Running in bec92deaac6e
Removing intermediate container bec92deaac6e
 ---> b6e0e27f253b
Step 7/7 : CMD ["/app/greeter.sh"]
 ---> Running in 6d3b439f7e50
Removing intermediate container 6d3b439f7e50
 ---> 433a5f10d84e
Successfully built 433a5f10d84e
Successfully tagged greeter:1
```

❶ コンテナイメージをビルドし、ラベル（-t greeter:1）を付けている。最後の . はDockerfileが存在するカレントディレクトリを指定している。

❷ この行以降でベースイメージに対して、レイヤごとにビルドしている。

コンテナイメージがあるか確認してみます。

```
$ sudo docker images
REPOSITORY   TAG     IMAGE ID       CREATED         SIZE
greeter      1       433a5f10d84e   35 seconds ago  72.8MB
ubuntu       20.04   fb52e22af1b0   2 weeks ago     72.8MB
```

次のコマンドでgreeter:1イメージをベースにしたコンテナを実行できます。

```
$ sudo docker run greeter:1
You are awesome!
```

以上でDocker 101[※3]を終了します。次に、関連するツールについて簡単に見ていきます。

6.6.5　他のコンテナ関連のツール

OCIコンテナはDockerだけではありません。他にRed Hatが主導・後援するpodman（https://podman.io）とbuildah（https://buildah.io）を使用できます。buildahによってOCIコンテナイメージをビルドして、podmanによってコンテナを実行します。podmanはコンテナ作成時にデーモンが必要ないのでDockerよりもセキュリティ面で優れています。

さらに、OCIコンテナ、namespace、cgroupをより簡単に扱うツールも多数あります（次の例は一部で、他にもあります）。

containerd（https://containerd.io/）
  OCIコンテナのライフサイクルを管理するデーモンで、イメージの転送と保存からコンテナ実行時の監視も行う。
skopeo（https://github.com/containers/skopeo）
  コンテナイメージ操作（コピー、マニフェストの検査など）用のツール。
systemd-cgtop（https://oreil.ly/aDgBa）
  リソースの使用状況をリアルタイムに表示するtopのcgroup版。
nsenter（https://oreil.ly/D0Gbc）
  指定したnamespaceでプログラムを実行する。
unshare（https://linux.die.net/man/1/unshare）
  namespaceでプログラムを実行する（フラグでnamespaceを選択）。
lsns（https://oreil.ly/jY7Q6）
  Linuxのnamespaceに関する情報の一覧を出力する。
cinf（https://github.com/mhausenblas/cinf）
  プロセスIDに関連するLinuxのnamespaceとcgroupに関する情報の一覧を出力する。

これでコンテナの説明を終えます。今度は、モダンなパッケージマネージャと、それらがアプリケーションを分離するためにコンテナをどのように利用しているかを確認してみます。

6.7　モダンなパッケージマネージャ

ディストリビューションに依存する従来のパッケージマネージャに加え、新しい種類のパッケージマネージャがあります。これらモダンなソリューションは、コンテナを使用し、クロスディストリビューションまたは特定の環境をターゲットとすることが多いです。例えば、LinuxデスクトップユーザがGUIアプリを簡単にインストールできるようにします。

Snap（https://snapcraft.io/）
  Canonical Ltd.が設計・開発したソフトウェアパッケージングおよびデプロイメントシステム。

※3　訳注：読みはワン・オー・ワンで、入門という意味です。コミュニティにDocker 101 Tutorial（https://www.docker.com/101-tutorial/）というドキュメントもあります。

sandboxing（https://ubuntu.com/core/docs/security-and-sandboxing）セットアップが付属しており、デスクトップ、クラウド、IoT環境で使用できる。

Flatpak（https://www.flatpak.org/）

Linuxデスクトップ環境向けで、サンドボックスは`cgroup`、`namespace`、`bind`マウント、`seccomp`をサポートしている。当初はLinuxディストリビューションのRed Hatから提供されていたが、現在ではFedora、Mint、Ubuntu、Arch、Debian、openSUSE、Chrome OSを含む数多くのディストリビューションで利用可能。

AppImage（https://appimage.org/）

何年も前からあり、1つのアプリは1つのファイルに等しいという考えを提唱している。つまり、対象のLinuxシステムに含まれているもの以外の依存関係は必要としない。次第に、効率的なアップデートからデスクトップ統合、ソフトウェアカタログまで、多くの機能がAppImageに実装されるようになった。

Homebrew（https://oreil.ly/XegIz）

もともとはmacOSからのものだが、Linuxでも利用可能で、人気が高まっている。Rubyで書かれており、直感的なユーザインタフェース。

6.8　まとめ

この章では、Linuxにおけるアプリケーションのインストール、メンテナンス、使用についての幅広いトピックを扱いました。

まず、基本的なアプリケーションの用語を確認し、次にLinuxの起動プロセスを見て、最近では標準的な起動とコンポーネントを管理する`systemd`を説明しました。

アプリケーションの配布に、Linuxはパッケージとパッケージマネージャを使用します。この中でさまざまなマネージャについて説明し、依存関係の管理だけでなく、開発やテストにコンテナをどのように利用できるかを説明しました。Dockerコンテナは、Linuxの構成要素（`cgroup`、`namespace`、コピーオンライトファイルシステム）を使用して、コンテナイメージを介してアプリケーションレベルの依存関係を管理します。

最後に、Snapやその他のアプリ管理のためのカスタムソリューションについて説明しました。

この章のトピックについての詳細は、次のリソースを参照してください。

スタートアッププロセスと init システム

- 「Analyzing the Linux Boot Process」（https://oreil.ly/bYPw5）
- 「Stages of Linux Booting Process」（https://oreil.ly/k90in）
- 「How to Configure a Linux Service to Start Automatically After a Crash or Reboot」（https://oreil.ly/tvaMe）

パッケージ管理

- 「2021 State of the Software Supply Chain」（https://oreil.ly/66mo5）
- 「Linux Package Management」（https://oreil.ly/MFGlL）
- 「Understanding RPM Package Management Tutorial」（https://oreil.ly/jiRj8）
- Debianパッケージ（https://www.debian.org/distrib/packages）

コンテナ

- 「A Practical Introduction to Container Terminology」（https://oreil.ly/zn69i）
- 「From Docker to OCI: What Is a Container?」（https://oreil.ly/NUxrE）
- 「Building Containers Without Docker」（https://oreil.ly/VofA0）
- 「Why Red Hat Is Investing in CRI-O and Podman」（https://oreil.ly/KJB9O）
- 「Demystifying Containers」（https://oreil.ly/Anvty）
- 「Rootless Containers」（https://rootlesscontaine.rs/）
- 「Docker Storage Drivers Deep Dive」（http://oreil.ly/8QPPh）
- 「The Hunt for a Better Dockerfile」（https://oreil.ly/MLAom）

さて、アプリケーションの基本がわかったところで、単体のLinuxシステムから、ネットワークにより接続された環境に話を移しましょう。

7章
ネットワーク

　この章では、Linuxのネットワークについて詳しく説明します。モダンな環境では、Linuxが提供するネットワークスタックは不可欠なコンポーネントです。これがないと、ほとんど何もできません。クラウドプロバイダのインスタンスにアクセスするにも、ウェブをブラウズするにも、新しいアプリをインストールするにも、ネットワーク接続における通信が必要です。

　ここではまず、一般的なネットワーク用語について、ハードウェアレベルからHTTPやSSHといったユーザ向けのコンポーネントまで、幅広く解説します。また、ネットワークスタック、プロトコル、インタフェースについても説明します。特に、ウェブやインターネットの名前解決をするDNS（Domain Name System）については、時間をかけて説明します。DNSは広域なシステムに限らず、Kubernetesのようなコンテナ環境でのサービス検出で使用される中心的なコンポーネントです。

　次に、アプリケーション層のネットワークプロトコルとツールについて見ていきます。これには、ファイル共有、ウェブ、NFSなど、ネットワーク上でデータを共有する方法が含まれます。

　最後に、ジオマッピングからネットワーク上の時間管理まで、高度なネットワークトピックを確認します。

　本来はLinuxネットワークだけで一冊の書籍となるレベルです。本書ではエンドユーザの観点から実用的なものに関連するトピックを扱います。ネットワーク機器の設定やセットアップなど、ネットワークの管理的なものは対象外とします。

7.1　基本

　まず、なぜネットワークがさまざまなユースケースに関係するのかについて説明し、一般的なネットワーク用語を定義してみましょう。

　現代の環境では、ネットワークが中心的な役割を担っています。アプリのインストール、ウェブ、メールやソーシャルメディアの閲覧といった作業から、リモートマシン（ローカルネットワークで接続している組み込みシステムから、クラウドプロバイダのデータセンターで稼働しているサーバまで）との接続まで、広い範囲で活用されています。ネットワークには多くの可動部や層があるため、問題がハードウェアに起因するのか、ソフトウェアスタックに起因するのかを判断するのは難しい場合があります。

　この章で扱うものの多くは、高レベルのユーザインタフェースを提供し、実際にはリモートマシン上で動

作するファイルやアプリケーションに、ローカルマシンからアクセスしたり操作したりできるように抽象化したものです。リモートのリソースをローカルのように見せる抽象化の機能は便利ですが、結局のところ、これらはすべて電線や空中を移動するビット列のデータということを忘れてはなりません。トラブルシューティングやテストのときには、このことを心に留めておいてください。

図7-1 は、Linuxでネットワークがどのように動作しているか、概要を示しています。イーサネットやワイヤレスカードなどのネットワークハードウェアがあり、TCP/IPスタックなどのカーネルレベルのコンポーネントがあり、最後にユーザ空間でネットワークの設定、問い合わせ、使用するためのツールがあります。

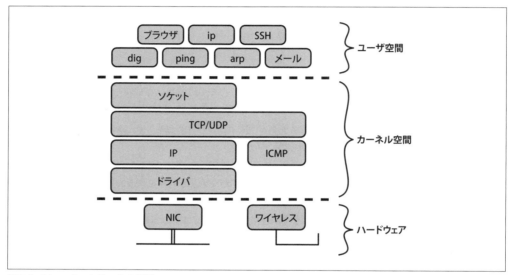

図7-1　Linuxネットワークの概要

それでは、LinuxのネットワークのコアであるTCP/IPスタックを説明します。

Linuxである分野を調べるときには、ソースコードを調査するか、インタフェースやプロトコルの設計がドキュメント化されていることに期待するしかありませんが、ネットワーク分野では、ほとんどすべてのプロトコルやインタフェースは公開されている仕様をベースにしています。IETF（Internet Engineering Task Force: インターネット技術の標準化団体）は、RFC（requests for comments: IETFがドキュメント化した技術要求仕様）をdatatracker.ietf.org（https://datatracker.ietf.org）で公開しており、自由に入手でききます。

実装の詳細に入る前に、これらのRFCを読むようにしましょう。これらのRFCは専門家が実装者のために書いたもので、良い慣例と実装方法をドキュメント化したものです。動機、ユースケース、そして理由について、理解を得ることができるはずです。

7.2　TCP/IPスタック

TCP/IPスタックは、**図7-2**で示したように、複数のプロトコルとツールからなる層構造のネットワーク

モデルで、そのほとんどはIETF仕様で定義されています。各層は自身の上と下の層だけを認識し、通信します。データはパケットにカプセル化され、各層はそのデータに関連する情報を含むヘッダでデータをラップします。つまり、アプリがデータを送信する場合、最上位の層と直接やり取りし、その層はデータにヘッダを追加して、下の層に渡します。逆に、アプリがデータを受信する場合は、パケットが最下層の層に到達し、各層がヘッダ情報に基づいてデータを処理し、ペイロード（データ）を上の層に渡します。

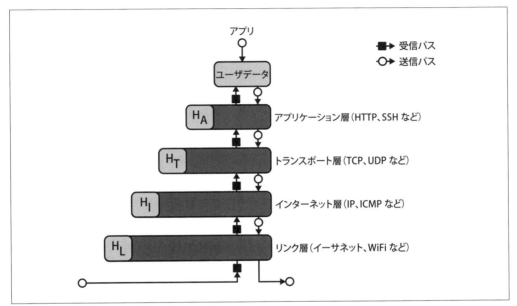

図7-2　通信におけるTCP/IP層の連携

　TCP/IPスタックの4つの層の概要は次の通りです。

リンク層

　スタックの最下層で、ハードウェア（イーサネット、WiFi）とカーネル内のネットワークドライバを含む。物理デバイス間でのパケット送信を行う。詳しくは **「7.2.1　リンク層」** で説明する。

インターネット層

　インターネットプロトコル（IP）の層で、ルーティングを担当する。つまり、ネットワークによるマシン間のパケット送信をサポートする。これについては、**「7.2.2　インターネット層」** で説明する。

トランスポート層

　この層は、（仮想または物理）ホスト間のエンドツーエンドの通信を制御し、セッションベースの信頼性の高い通信にはTCP（Transmission Control Protocol）、コネクションレス型の通信にはUDP（User Datagram Protocol）が使用される。主にパケットの転送方法、ポートによるマシン上のサービスの識別、データの完全性の確認を扱う。また、Linuxは通信のエンドポイントとしてソケットをサポートしている。詳しくは **「7.2.3　トランスポート層」** で説明する。

アプリケーション層

ウェブ（HTTP）、SSH、メールなど、ユーザ向けのツールやアプリを扱う。これについては「7.3 DNS」と「7.4　アプリケーション層ネットワーク」で説明する。

インターネットとOSI

インターネットのルーツは、1960年代に米国国防総省で始まった、簡単に途絶えない通信網を作ることを目標としたプロジェクトです。インターネットは複数ネットワークのうちの1つです。これは多くのローカルネットワークがバックエンドのインフラに接続され、異なるシステム間の通信が可能になるということです。

TCP/IPスタックとは別にOSI（Open Systems Interconnection）モデルという言葉を見かけたことがあるかもしれません。OSIモデルは、ネットワークの理論的なモデルで、7つの層（最上位である7層目はアプリケーション層）を使っています。TCP/IPモデルは4層しかありませんが、あらゆるところで実際に使われているのはTCP/IPスタックです。

層の数字に惑わされないでください。TCP/IPスタックにおけるハードウェアはOSIモデルの第1層とし、データリンク層は第2層、インターネット層は第3層、トランスポート層は第4層、そしてアプリケーション層はOSIモデルの第7層となります。

層構造では、ある層のヘッダとペイロードが次の層のペイロードを構成することになります。例えば、**図 7-2**では、インターネット層のペイロードは、トランスポート層のヘッダH_Tとそのペイロードです。つまり、インターネット層はトランスポート層から取得したパケットをデータの塊として扱い、パケットをターゲットマシンにルーティングすることに集中します。

では、TCP/IPスタックの最下層であるリンク層から順に見ていきましょう。

7.2.1　リンク層

TCP/IPスタックのリンク層では、バイト、電線、電波、デバイスドライバ、ネットワークインタフェースなど、ハードウェアまたはそれに近いものが対象です。関連する用語について説明しておきます。

イーサネット

電線を使ってマシンを接続するネットワーク技術の1つ。LAN（ローカルエリアネットワーク）でよく使われる。

ワイヤレス

WiFiとも呼ばれ、有線ではなく電波を使用してデータ転送をする通信プロトコルおよび方法。

MACアドレス

MACは「media access control」の略で、ハードウェアに固有の48ビット識別子。マシン（正確にはネットワークインタフェース、次の用語を参照）を識別するために使用される。MACアドレスのうち、最初の24ビットを占めるOUI（organizationally unique identifier）は、（インタフェースの）製造者を表している。

インタフェース

物理的なインタフェース（「7.2.1.1　NIC」を参照）であったり、ループバックインタフェース lo の

ような仮想（ソフトウェアの）インタフェースであったりする。

7.2.1.1 NIC

NIC（Network Interface Controller、https://en.wikipedia.org/wiki/Network_interface_controller）は必須のハードウェアの1つであり、**ネットワークインタフェースカード**とも呼ばれることがあります。NICは、有線規格（例えば、IEEE 802.3-2018 イーサネット規格（https://standards.ieee.org/ieee/802.3/7071/））、または無線規格（例えば、IEEE 802.11 ファミリ（https://ieee802.org/11/））に従ったネットワークへの物理的接続を提供します。そして、送信するバイトのデジタル信号を電気信号に変換します。受信経路ではその逆で、受信した物理信号をソフトウェアが扱えるビットとバイトに変換します。

それでは動作している NIC を確認してみます。まずは昔からある ifconfig（https://www.man7.org/linux/man-pages/man8/ifconfig.8.html）コマンドを使って NIC の情報を取得します（ifconfig は非推奨とされていますが、説明のしやすさのために使っています。本来は、次の例で示すように ip を使う方がよいでしょう）。

```
$ ifconfig
lo: flags=73<UP,LOOPBACK,RUNNING>  mtu 65536 ❶
        inet 127.0.0.1  netmask 255.0.0.0
        inet6 ::1  prefixlen 128  scopeid 0x10<host>
        loop  txqueuelen 1000  (Local Loopback)
        RX packets 7218  bytes 677714 (677.7 KB)
        RX errors 0  dropped 0  overruns 0  frame 0
        TX packets 7218  bytes 677714 (677.7 KB)
        TX errors 0  dropped 0 overruns 0  carrier 0  collisions 0

wlp1s0: flags=4163<UP,BROADCAST,RUNNING,MULTICAST>  mtu 1500 ❷
        inet 192.168.178.40  netmask 255.255.255.0  broadcast 192.168.178.255
        inet6 fe80::be87:e600:7de7:e08f  prefixlen 64  scopeid 0x20<link>
        ether 38:de:ad:37:32:0f  txqueuelen 1000  (Ethernet)
        RX packets 2398756  bytes 3003287387 (3.0 GB)
        RX errors 0  dropped 7  overruns 0  frame 0
        TX packets 504087  bytes 85467550 (85.4 MB)
        TX errors 0  dropped 0 overruns 0  carrier 0  collisions 0
```

❶ 最初のインタフェースは lo で、IPアドレス 127.0.0.1 のループバックインタフェース（「7.2.2.1 IPv4」を参照）。MTU（Maximum Transmission Unit）はパケットのサイズで、ここでは 65,536 バイト（サイズが大きいほどスループットは高くなる）。歴史的な理由により、イーサネットのデフォルトは 1,500 バイトだが、9,000 バイトのジャンボフレーム（https://www.cyberciti.biz/faq/rhel-centos-debian-ubuntu-jumbo-frames-configuration/）もある[※1]。

❷ 2番目のインタフェースは wlp1s0 で、IPv4 アドレスに 192.168.178.40 が割り当てられている。このインタフェースも NIC なので、MAC アドレス（ether 38:de:ad:37:32:0f）がある。NIC の状態などを表すフラグ（<UP,BROADCAST,RUNNING,MULTICAST>）に UP と RUNNING があるので、この NIC は動作している。

※1　訳注：NIC がジャンボフレームに対応している必要があります。

最近では ifconfig ではなく ip（https://www.man7.org/linux/man-pages/man8/ip.8.html）コマンドを使うので、この章でも主にこの ip コマンドを使用します（出力は一部省略）。

```
$ ip link show
1: lo: <LOOPBACK,UP,LOWER_UP> mtu 65536 qdisc noqueue ❶
    state UNKNOWN mode DEFAULT group default qlen 1000
    link/loopback 00:00:00:00:00:00 brd 00:00:00:00:00:00
2: wlp1s0: <BROADCAST,MULTICAST,UP,LOWER_UP> mtu 1500 qdisc noqueue ❷
    state UP mode DORMANT group default qlen 1000
    link/ether 38:de:ad:37:32:0f brd ff:ff:ff:ff:ff:ff
```

❶ ループバックインタフェース。

❷ MACアドレスが 38:de:ad:37:32:0f の NIC。ネットワークインタフェースの名前（wlp1s0）は所定のルールに従って命名される。ワイヤレスインタフェース（wl）、PCIバス1（p1）とスロット0（s0）という意味になる。この命名により、インタフェースの名前がわかりやすくなった。以前の命名スタイルで2つのインタフェース（例えば eth0 と eth1）があった場合、再起動したり新しいカードを追加したりすると、NICに対するインタフェースの名前が変わってしまうことがあった[※2]。

ifconfig と ip link のどちらも、フラグに LOWER_UP や MULTICAST などが示されています。これらの意味は netdevice man pages（https://www.man7.org/linux/man-pages/man7/netdevice.7.html）を見れば理解できます。

7.2.1.2　ARP

ARP（Address Resolution Protocol）は、MACアドレスをIPアドレスにマッピングします。つまりリンク層とその上の層であるインターネット層との橋渡しをしています。

実際に見てみましょう。

```
$ arp ❶
Address            HWtype  HWaddress          Flags Mask      Iface
mh9-imac.fritz.box ether   00:25:4b:9b:64:49  C               wlp1s0
fritz.box          ether   3c:a6:2f:8e:66:b3  C               wlp1s0
```

❶ arp コマンドで、MACアドレスをホスト名やIPアドレスにマッピングしたキャッシュを表示。arp -n を使うと、ホスト名の解決をせずに、DNS名の代わりにIPアドレスを表示することもできる。ip を使って同じことができる。

```
$ ip neigh ❶
192.168.178.34 dev wlp1s0 lladdr 00:25:4b:9b:64:49 STALE
192.168.178.1 dev wlp1s0 lladdr 3c:a6:2f:8e:66:b3 REACHABLE
```

❶ ip コマンドで MACアドレスと IPアドレスをマッピングしたキャッシュを表示する。

ワイヤレスデバイスを表示、設定、トラブルシューティングをするには、iw（https://wireless.wiki.kernel.org/en/users/documentation/iw）コマンドを使います。例えば、wlp1s0 に対して問い合わせます。

[※2]　訳注：以前はよく ethtool -p eth0 で NIC の LED を点滅させて、どの NIC が eth0 なのか、eth1 なのかを確認していました。

```
$ iw dev wlp1s0 info ❶
Interface wlp1s0
        ifindex 2
        wdev 0x1
        addr 38:de:ad:37:32:0f
        ssid FRITZ!Box 7530 QJ ❷
        type managed
        wiphy 0
        channel 5 (2432 MHz), width: 20 MHz, center1: 2432 MHz ❸
        txpower 20.00 dBm
```

❶ ワイヤレスインタフェース wlp1s0 の基本情報を表示。

❷ インタフェースが接続されているルータ（次の例も参照）。

❸ インタフェースが使用している WiFi 周波数帯。

さらに、ルータやトラフィックに関する情報を次のコマンドで取得できます。

```
$ iw dev wlp1s0 link ❶
Connected to 74:42:7f:67:ca:b5 (on wlp1s0)
        SSID: FRITZ!Box 7530 QJ
        freq: 2432
        RX: 28003606 bytes (45821 packets)  ⎤
        TX: 4993401 bytes (15605 packets)   ⎦ ❷
        signal: -67 dBm
        tx bitrate: 65.0 MBit/s MCS 6 short GI

        bss flags:      short-preamble short-slot-time
        dtim period:    1
        beacon int:     100
```

❶ ワイヤレスインタフェース wlp1s0 の接続情報を表示。

❷ 受信（RX）と送信（TX）の統計情報で、インタフェース経由で送受信されたバイト数とパケット数。

TCP/IP スタックの最下層、（データ）リンク層の仕組みを説明しました。上位レイヤに移動してみましょう。

7.2.2 インターネット層

TCP/IP スタックの 2 番目に低いインターネット層は、ネットワーク上のあるマシンから別のマシンへのパケットのルーティングに関係します。インターネット層の設計では、利用可能なネットワークインフラは信頼性が低く、参加者（ネットワーク内のノードやそれらの間の接続など）は頻繁に変更されると想定しています。

インターネット層はベストエフォート配信（性能の保証がない）で、すべてのパケットを独立したものとして扱います。そのため、パケット順序、再送、配送保証などの信頼性は、上位層（通常はトランスポート層）で対応しています。

ルーティングは郵便に似ている

インターネット層のアドレスは、郵便の住所に似ていると考えてください。住所は、最も大きな情報（国）から、番地号などの家屋レベルまで、多くの項目で構成されています。

この住所さえあれば、世界のどこからでもハガキを送ることができます。ハガキが輸送手段（船や飛行機）や輸送経路を把握する必要はありません。正しい住所を書き、正しい金額を払えば、郵便局はそれを届けることを約束してくれます。

同じように、マシンはインターネット層で論理アドレスによって識別されます。

この層では、世界中でマシンを論理的に識別するインターネットプロトコル（IP）を扱っています。IPにはIPバージョン4（IPv4）とIPバージョン6（IPv6）の2種類があります。

7.2.2.1　IPv4

IPv4は、TCP/IP通信のエンドポイントとして動作するホストやプロセスを識別する一意の32ビットの数値（IPv4アドレス）を定義しています。

IPv4アドレスは、32ビットをピリオドで4つの8ビットセグメントに分割し、各セグメントを0〜255の範囲で**オクテット**（1セグメントが8ビット）と呼びます。具体的な例を見てみましょう。

```
63.32.106.149
❶  ❷  ❸  ❹
```

❶ 第1オクテット（2進数では00111111）

❷ 第2オクテット（2進数では00100000）

❸ 第3オクテット（2進数では01101010）

❹ 第4オクテット（2進数では10010101）

RFC 791（https://datatracker.ietf.org/doc/html/rfc791）やIETFの仕様で定義されているIPヘッダ（図7-3）には、いくつかのフィールドがありますが、その中でも特に重要なのは次のものです。

送信元アドレス（32ビット）

送信側のIPアドレス

宛先アドレス（32ビット）

受信側のIPアドレス

プロトコル（8ビット）

TCP、UDP、ICMPなど、RFC 790（https://datatracker.ietf.org/doc/html/rfc790）で定義されたペイロードの種類（上位層の種類）。

生存期間（Time to live：TTL、8ビット）

ルータなどを通過できる回数。これでパケットが存在できる時間としている。

サービスタイプ（Type of service：ToS、8ビット）

サービス品質（QoS）を表す値を設定する[3]。

※3　訳注：RFC 791の後にRFC 1349、RFC 2474などで、このToSフィールドの定義は変更されています。

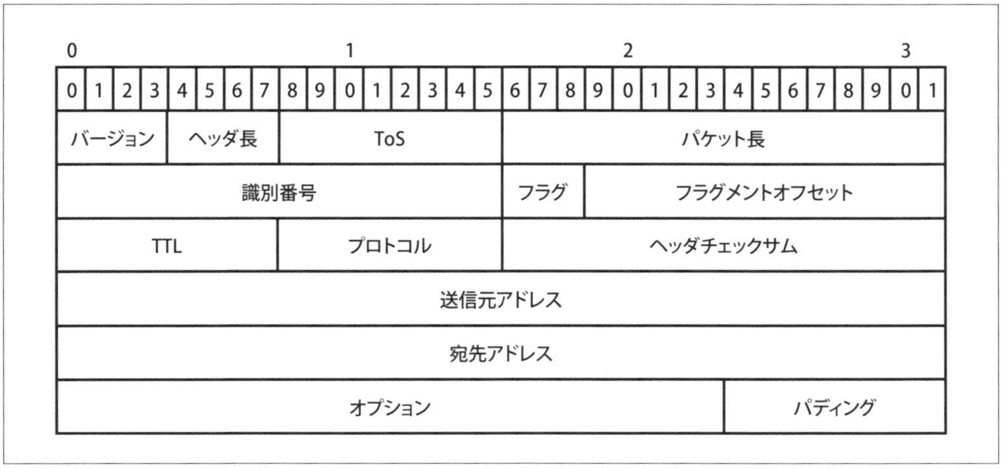

図7-3 RFC 791 で定義されているIPヘッダフォーマット

　インターネットが複数のネットワークの1つであると仮定すると、ネットワークとネットワーク内の単一のマシン（ホスト）を区別するのは自然なことだと思われます。IPアドレスの範囲は、ネットワークに割り当てられ、そのネットワーク内で個々のホストに割り当てられます。

　現在IPアドレスの範囲を割り当てる適切な方法はCIDR（Classless Inter-Domain Routing、https://oreil.ly/VDVuy）だけです。CIDR形式は2つの部分から構成されています。

- 1つ目の部分はネットワークアドレスを表す。10.0.0.0のような通常のIPアドレスのような表記をする。
- 2つ目の部分は、ネットワークのアドレス範囲が何ビットかを定義する。この値を使ってネットワークに何個のIPアドレスが属するかがわかる。例えば/24のような表記をする。

　完全なCIDR範囲の例は、次のようになります。

```
10.0.0.0/24
```

　この例では、最初の24ビット（3オクテット分）がネットワークを表し、最後の8ビット（全体の32ビットから24ビットを引いた分）が256台のホストで利用できるIPアドレス（2^8）の範囲となります。このCIDR範囲の先頭のIPアドレスは10.0.0.0で、末尾のIPアドレスは10.0.0.255ですが、厳密に言えば、.0と.255のアドレスは特別な目的のために予約されているので、ホストに割り当てられるのは10.0.0.1から10.0.0.254のアドレスです。また、ネットマスクは最初の24ビットがネットワークを表すので、255.255.255.0となります。

　ただ実際は、ここでの計算をすべて覚えておく必要はありません。日常的にCIDRの範囲を扱っているのであれば、ただ知っているだけで良いですし、CIDR範囲にいくつのIPがあるかを計算したいのであれば、自分で計算するよりも以下に紹介するツールを使用するとよいでしょう。

- https://cidr.xyz や https://ipaddressguide.com/cidr などのオンラインツール
- mapcidr（https://github.com/projectdiscovery/mapcidr）や cidrchk（https://github.com/mha usenblas/cidrchk、開発者は原著者の Michael Hausenblas）のようなコマンドラインツール

　また、他の特別な目的で予約されている IP アドレスは、Wikipedia の「Reserved IP addresses」（https://en.wikipedia.org/wiki/Reserved_IP_addresses）にまとめられています。その中には以下のようなものがあります。

127.0.0.0
　ローカルアドレスのために予約されており、ループバックアドレス 127.0.0.1 はよく見かける。
169.254.0.0/16（169.254.0.0 から 169.254.255.255）
　リンクローカルアドレス。そこに送られたパケットはネットワークの外に転送されない。Amazon Web Services などの一部のクラウドプロバイダでは、特別なサービス（メタデータ）のために使用される。
224.0.0.0/24（224.0.0.0 から 239.255.255.255）
　マルチキャストのために予約されている範囲。

　RFC 1918（https://datatracker.ietf.org/doc/html/rfc1918）ではプライベート IP の範囲を定義しています。プライベート IP とは、公共のインターネット上でルーティングできない IP アドレスです。そのため、内部的に（例えば、企業内や家の中）割り当てます。RFC 1918 で定義されているプライベート IP の範囲は以下の3つです。

- 10.0.0.0 から 10.255.255.255（10/8 プレフィックス）
- 172.16.0.0 から 172.31.255.255（172.16/12 プレフィックス）
- 192.168.0.0 から 192.168.255.255（192.168/16 プレフィックス）

　もう1つ知っておくべき特別な IPv4 アドレスは 0.0.0.0 です。これはルーティングできないアドレスで、扱うものによって使用例や意味が異なります。サーバの観点では、0.0.0.0 は存在するすべての IPv4 アドレスを参照することになり「利用可能なすべての IP アドレスをリッスンする」という意味になります[4]。
　基本的なことを文章で説明しましたが、実際に試してみると理解が早まります。まず、マシンの IP に関する情報を取得します（出力は一部省略）。

```
$ ip addr show ❶
1: lo: <LOOPBACK,UP,LOWER_UP> mtu 65536 qdisc noqueue
    state UNKNOWN group default qlen 1000
    link/loopback 00:00:00:00:00:00 brd 00:00:00:00:00:00
    inet 127.0.0.1/8 scope host lo ❷
       valid_lft forever preferred_lft forever
    inet6 ::1/128 scope host
       valid_lft forever preferred_lft forever
2: wlp1s0: <BROADCAST,MULTICAST,UP,LOWER_UP> mtu 1500 qdisc
    noqueue state UP group default qlen 1000
```

※4　訳注：一般に公開しているウェブサーバなどはどの IP アドレスから要求が来るかわからないので、任意の IP アドレスからの要求を受け付ける 0.0.0.0（INADDR_ANY）を使用します。誰からの要求も受け付けるのでセキュアではありません。開発中にとりあえず 0.0.0.0 を使ってしまうこともありますが、相手 IP アドレスがわかっている場合は正確にその IP アドレスをリッスンしましょう。

```
link/ether 38:de:ad:37:32:0f brd ff:ff:ff:ff:ff:ff
inet 192.168.178.40/24 brd 192.168.178.255 scope global dynamic ❸
noprefixroute wlp1s0
   valid_lft 863625sec preferred_lft 863625sec
inet6 fe80::be87:e600:7de7:e08f/64 scope link noprefixroute
   valid_lft forever preferred_lft forever
```

❶ すべてのインタフェースにおけるアドレスの一覧を出力。

❷ ループバックインタフェースのIPアドレス（当然ながら127.0.0.1）。

❸ ワイヤレスNICの（プライベート）IPアドレス。これはマシンのLANローカルIPアドレスで、192.168/16の範囲に該当するため、パブリックネットワークにはルーティングされない。

　IPv4アドレス空間はすでに枯渇しています。インターネットの設計者の想定よりも多くのエンドポイント（例えば、モバイル機器やIoT機器）が存在しており、持続可能なソリューションが必要となります。

　根本的な解決策としてIPv6があります。しかし残念ながら、この記事を書いている時点では、エコシステム全体がまだIPv6に移行していません。これは、インフラの理由もありますが、IPv6をサポートするツールが不足していることも原因です。つまり、当面はIPv4とその制限やワークアラウンド（https://oreil.ly/XSiTu）に対応しなければなりません。

　次は、そのIPv6です。

7.2.2.2　IPv6

　IPv6（Internet Protocol version 6、https://en.wikipedia.org/wiki/IPv6）は、アドレス幅が128ビットです。つまり、IPv6では、10^{38}のオーダでマシン（デバイス）を割り当てることができます。IPv4とは異なり、IPv6では16ビット×8グループの16進数で表現され、グループ間はコロン（:）で区切られます。

　IPv6アドレスの短縮には、先頭のゼロを削除したり、連続したゼロの部分を2つのコロン（::）で置き換えるなど、いくつかのルールがあります。例えば、IPv6のループバックアドレス（https://datatracker.ietf.org/doc/html/rfc5156）は::1と省略して書くことができます（IPv4の127.0.0.1）。

　IPv4と同様に、IPv6にも多くの特別な予約アドレスがあります。詳細はAPNICのIPv6アドレスタイプ（https://www.apnic.net/get-ip/faqs/what-is-an-ip-address/ipv6-address-types/）のリストを参照してください。

　IPv4とIPv6には互換性がありません。つまり、携帯電話などのエッジデバイスからルータ、サーバまで、ネットワークに参加しているすべてにIPv6サポートを組み込む必要があります。少なくともLinuxではIPv6はすでに広くサポートされています。例えば、「7.2.2.1　IPv4」で紹介したip addrコマンドは、すでにデフォルトでIPv6アドレスを表示します。

7.2.2.3　ICMP

　RFC 792（https://datatracker.ietf.org/doc/html/rfc792）はICMP（Internet Control Message Protocol）を定義しています。ICMPはエラーメッセージや可用性などの運用情報を送信するために使用されます。

　では、pingを使ってウェブサイトの到達をテストして、ICMPがどのように動作するか見てみましょう。

```
$ ping mhausenblas.info
PING mhausenblas.info (185.199.109.153): 56 data bytes
64 bytes from 185.199.109.153: icmp_seq=0 ttl=38 time=23.140 ms
64 bytes from 185.199.109.153: icmp_seq=1 ttl=38 time=23.237 ms
64 bytes from 185.199.109.153: icmp_seq=2 ttl=38 time=23.989 ms
64 bytes from 185.199.109.153: icmp_seq=3 ttl=38 time=24.028 ms
64 bytes from 185.199.109.153: icmp_seq=4 ttl=38 time=24.826 ms
64 bytes from 185.199.109.153: icmp_seq=5 ttl=38 time=23.579 ms
64 bytes from 185.199.109.153: icmp_seq=6 ttl=38 time=22.984 ms
^C
--- mhausenblas.info ping statistics ---
7 packets transmitted, 7 packets received, 0.0% packet loss
round-trip min/avg/max/stddev = 22.984/23.683/24.826/0.599 ms
```

　なお、gping（https://github.com/orf/gping）というコマンドもあります。これは複数のターゲットに同時にpingを送信し、コマンドライン上でグラフも表示できます（**図7-4**を参照）。

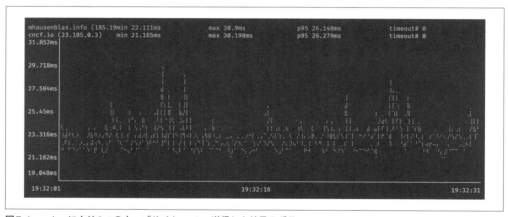

図7-4　gpingにより2つのウェブサイトへping送信した結果のグラフ

　IPv6でpingに相当するコマンドはping6（https://linux.die.net/man/8/ping6）です。

7.2.2.4　ルーティング

　Linuxのネットワークスタックの一部は、システムに届いた個々のパケットをどこに送るかを決めるというルーティングも行います。宛先は同じマシンのプロセスだったり、別のマシンのIPアドレスかもしれません。

　ルーティングの実装の詳細は、この章の範囲外ですが、概要について説明します。ルーティングテーブルを操作するツールに、広く使われているiptables（https://jvns.ca/blog/2017/06/07/iptables-basics/）があります。例えば、特定の条件でパケットを転送させたり、ファイアウォールを実装したりします。パケットのフックと操作を行うnetfilter（https://www.netfilter.org）コマンドもあります。

　まずはルーティング情報を表示します。

```
$ sudo route -n ❶
Kernel IP routing table
Destination     Gateway         Genmask         Flags Metric Ref    Use Iface
0.0.0.0         192.168.178.1   0.0.0.0         UG    600    0        0 wlp1s0
169.254.0.0     0.0.0.0         255.255.0.0     U     1000   0        0 wlp1s0
192.168.178.0   0.0.0.0         255.255.255.0   U     600    0        0 wlp1s0
```

❶ route -nで（名前解決で得られた）名前ではなく、IPアドレスをそのまま出力している。

routeコマンドで出力された項目の詳細は次の通りです。

Destination

宛先のIPアドレス。0.0.0.0は未指定または不明を意味し、ゲートウェイにパケットを転送して、以降の配送を任せることになるかもしれない。

Gateway

パケットの宛先が同じネットワーク上に存在しない場合に、このゲートウェイのアドレスに送信される。

Genmask

使用するサブネットマスク。

Flags

UGは、ネットワークが稼働しており、ゲートウェイであることを意味する。

Iface

パケットが使用するネットワークインタフェース。

ipでも同じ情報が得られます。

```
$ sudo ip route
default via 192.168.178.1 dev wlp1s0 proto dhcp metric 600
169.254.0.0/16 dev wlp1s0 scope link metric 1000
192.168.178.0/24 dev wlp1s0 proto kernel scope link src 192.168.178.40 metric 600
```

tracerouteでネットワークインタフェースの接続性を確認できます。

```
$ traceroute mhausenblas.info
traceroute to mhausenblas.info (185.199.108.153), 30 hops max, 60 byte packets
 1  _gateway (192.168.5.2)  1.350 ms  1.306 ms  1.293 ms
```

TCP/IP関連のトラブルシューティングツールやパフォーマンスツールについては、「8.3　監視」で説明します。

最後に、RFC 4271（https://datatracker.ietf.org/doc/html/rfc4271）やIETF仕様で定義されているBGP（Border Gateway Protocol、https://en.wikipedia.org/wiki/Border_Gateway_Protocol）についても簡単に触れておきます。ネットワークプロバイダやネットワークの管理者でない限り、BGPに直接触れることはあまりないと思いますが、知っていることが非常に重要です。

Facebook がインターネットから消えた

2021年末、BGPの設定ミスにより大きな障害が発生しました。「Understanding How Facebook Disappeared from the Internet」（https://oreil.ly/UTwSk）に、その経緯と教訓が詳しく説明されています。

以前に、インターネットは複数ネットワークの1つであると述べました。BGPでは、ネットワークは**自律システム**（AS）と呼ばれます。IPルーティングが機能するためには、これらのASがルーティングと到達経路を共有し、インターネット上でパケットを配送するためのルートを提供する必要があります。

さて、インターネット層の基本的な仕組み、つまりアドレスとルーティングを説明しました。スタックを上に移動してみましょう。

7.2.3　トランスポート層

トランスポート層では、エンドポイント間の通信が重要です。コネクション指向のプロトコルとコネクションレスのプロトコルがあります。信頼性、QoS、順序制御が重要となることもあります。

モダンなプロトコル設計では、トランスポート層の一部をより上位のプロトコルに移行して複数の機能を担当させるような試みが行われています。HTTP/3（https://oreil.ly/ecuPK）が代表的な例です。

訳者補

HTTP/2はTCPをベースとしていましたが、HTTP/3はUDPをベースとして、QUIC（Quick UDP Internet Connections）をトランスポート層プロトコルとしたHTTPです。HTTP/3はH3と略されることもあります。また以前はHTTP over QUICと呼ばれていました。QUICはIETFで策定されたものですが、もとはGoogleがウェブアクセスを高速化するために開発した技術で、標準化のためにIETFにドラフトを提出し、RFC 9000で標準化されました。QUICは、TLS1.3による暗号化通信が前提となっているため、HTTP/3による通信は常時暗号化（SSL化）されています。なお、UDPはトランスポート層プロトコルで、QUICもトランスポート層プロトコルなので、これだけだと混乱しますが、UDPはカーネル空間で実装されており、QUICはユーザ空間で実装されたトランスポート層プロトコルです。またQUICはTLSと同じセキュリティ（TCP/IPスタックのアプリ層とトランスポート層の間、OSI参照モデルのセッション層）も含んでいます。HTTP/3はアプリケーション層です。

7.2.3.1　ポート

この層のコアとなる概念の1つが「ポート」です。どのプロトコルを使うにしても、ポートは必要です。**ポート**とは、あるIPアドレスで利用するサービスを識別する一意の16ビットの値です。1台の（仮想）マシンが複数のサービス（「**7.4　アプリケーション層ネットワーク**」を参照）を実行していて、そのマシンの1つのIPアドレスでどのサービスかを識別する必要がありますが、まさにこのポート番号で識別をしています（例えば22番はSSH、80番はHTTTP）。

ポートは以下のような区別があります。

ウェルノウンポート（Well-known ポート、0 ～ 1023 番）

　これらはSSHサーバやウェブサーバのようなデーモン用。これらのポートを使う（バインドする）に

リゾルバ

クライアントの要求に応じてネームサーバから情報を取得するプログラム。リゾルバはマシンローカルであり、リゾルバとクライアントの間の通信におけるプロトコルは定義されていない。多くの場合、DNSを解決するためのライブラリがある[8]。

図7-7に、RFC 1035で定義されているDNSシステムの構成を示します。問い合わせプロセスでは、リゾルバはルートから始まる権威ネームサーバ（NS）に繰り返し問い合わせるか、サポートされていれば、NSがリゾルバに代わって再帰的な問い合わせをします。

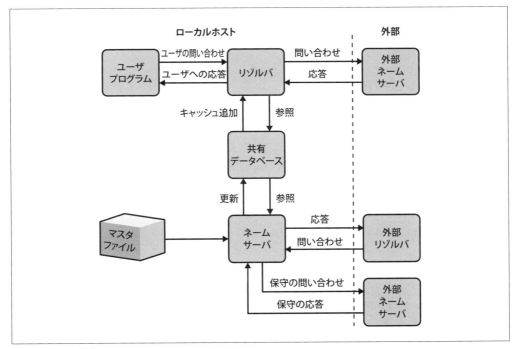

図7-7　DNSの構成

DNSはまだ存在していますが、特にDHCP（「7.5.2　DHCP」参照）が導入されている場合、/etc/resolv.confにあるDNSリゾルバ設定（https://www.man7.org/linux/man-pages/man5/resolv.conf.5.html）は使いません。

DNSは階層的なネーミングシステムで、ルートにはトップレベルドメインのレコードを管理する13のルートサーバ（https://www.iana.org/domains/root/servers）が置かれています。ルートの直下には、トップレベルドメイン（TLD、https://en.wikipedia.org/wiki/Top-level_domain）があります。

※8　訳注：nslookupコマンドやdigコマンドもリゾルバと言えます。正確には名前解決の問い合わせをするだけのスタブリゾルバです。

トップレベルドメイン構造

IETFに代わってIANAが管理する。exampleやlocalhostなどが含まれる。

一般トップレベルドメイン（gTLD）

.orgや.comなどの3文字以上の一般的なドメイン。

国別トップレベルドメイン（ccTLD）

2文字のISO国コード（https://en.wikipedia.org/wiki/ISO_3166-1_alpha-2）が割り当てられた国または地域用のドメイン。

スポンサードトップレベルドメイン（sTLD）

TLDを使用する資格を制限するルールを設定し、実施する民間の機関または組織向けのドメイン。例えば.aero（航空運輸業界）や.gov（米国の政府機関）がある。

それでは、DNSの使用方法について詳しく見ていきましょう。

7.3.1　DNSレコード

ネームサーバは、タイプ、ペイロード、TTL（time to live：レコードが破棄されるまでの期間）や、その他のフィールドで構成されるレコードを管理します。FQDNはノードのアドレス、リソースレコード（RR）はペイロード、つまりノードのデータと考えることができます。

DNSには数多くのレコードタイプ（https://en.wikipedia.org/wiki/List_of_DNS_record_types）があり、その中でも以下のレコードが最も重要なものです（アルファベット順）。

Aレコード（RFC 1035）と AAAA レコード（RFC 3596）

AレコードはIPv4、AAAAレコードはIPv6のアドレスのレコード。ホスト名とIPアドレスの対応に使用される。

CNAME（canonical name）レコード（RFC 1035）

ある名前から別の名前へのエイリアスを提供するカノニカルネームレコード。

NS（nameserver）レコード（RFC 1035）

DNSゾーンが権威ネームサーバを使うように指定するネームサーバレコード。

PTR（pointer）レコード（RFC 1035）

DNSの逆引きに使われるポインタレコードで、Aレコードの反対。

SRV（service）レコード（RFC 2782）

サービスロケータレコード。ハードコードではなく一般的な発見メカニズムで、プロトコルとポートなどを提供する（従来のメール交換のためのMXレコードタイプのようなもの）。詳細は後ほど説明する。

TXT レコード（text、RFC 1035）

これらはもともと人間が読める任意のテキストを指したが、次第に新しい使われ方になった。今日では、セキュリティ関連のDNS拡張で使われる[9]。

また、アスタリスクラベル（*）で始まるワイルドカードレコード（https://en.wikipedia.org/wiki/Wildcard_DNS_record）もあります。例えば、*.mhausenblas.infoのようにアスタリスクを含むドメイン

※9　訳注：TXTレコードが「v=spf1」で始まる場合は、このTXTレコードはSPF（Sender Policy Framework: RFC 4408）レコードとして使われています。送信元サーバの正当性を検証し、メールアドレスのなりすましを防止します。

名でレコードを作成できます。

　これらのレコードが実際にどのようなものか見てみましょう。DNSレコードはゾーンファイル（https://en.wikipedia.org/wiki/Zone_file）の中でテキスト形式で記載されます。bind（https://gitlab.isc.org/isc-projects/bind9）などのネームサーバがゾーンファイルを読み込みデータベースを構築します。

```
$ORIGIN example.com. ❶
$TTL 3600 ❷
@       SOA nse.example.com. nsmaster.example.com. (
            1234567890 ; serial number
            21600      ; refresh after 6 hours
            3600       ; retry after 1 hour
            604800     ; expire after 1 week
            3600 )     ; minimum TTL of 1 hour
example.com. IN NS   nse ❸
example.com. IN MX   10 mail.example.com. ❹
example.com. IN A    1.2.3.4 ❺
nse          IN A    5.6.7.8 ❻
www          IN CNAME example.com. ❼
mail         IN A    9.0.0.9 ❽
```

❶ このゾーンファイルの先頭。$ORIGINで省略可能なドメイン名を定義している。

❷ RR（リソースレコード）のデフォルトの有効期限（秒）。

❸ このドメインのネームサーバ[※10]。

❹ このドメインのメールサーバ。

❺ ドメインのIPv4アドレス。

❻ ネームサーバのIPv4アドレス。

❼ www.example.comをこのドメインの別名にする。ここではexample.comにしている。

❽ メールサーバのIPv4アドレス。

　このゾーンファイルを図7-8に示します。これはグローバルドメイン名空間の一部と、FQDNのdemo.mhausenblas.infoが示されています。

.info
　　Afilias（https://www.afilias.info）が管理する汎用TLD[※11]。

mhausenblas.info
　　著者が購入したドメイン。このゾーンにはサブドメインを自由に割り当てられる。

demo.mhausenblas.info
　　デモ用に割り当てたサブドメイン。

※10　訳注：ここからRRになります。なお❸から❺の左端のexample.com.は❶の$ORIGINに記載していますので、省略可能です。

※11　訳注：AfiliasはTLDのレジストリ会社でした。翻訳時点ではDonutsがAfiliasを買収し、Identity Digitalという新しい社名になっています。

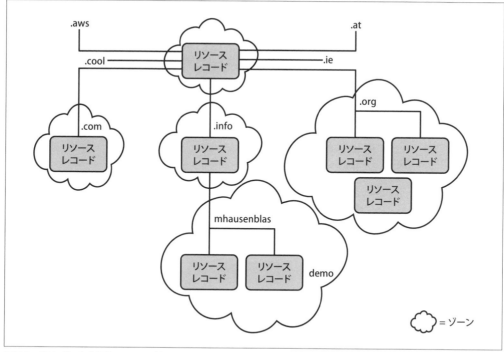

図7-8　ドメイン名空間とFQDNの例

　この例では、自分（Afiliasまたは著者）は自分の部分だけ考えればよく、他に何の調整も必要ありません。例えば、demo サブドメインを作成するのに、ゾーンのDNS設定を変更するだけです。Afiliasの担当に連絡や許可を求めることもなく、DNSを利用できます。仕組みは一見シンプルに見えますが、DNSの分散型のコアであり、スケーラビリティを高めているのです。

　さて、ドメイン名空間の構成と、ノード内の情報について説明しました。次はどのように問い合わせるかを見ていきましょう。

7.3.2　DNSルックアップ

　次はDNSクエリの実行について見ていきます。多くのロジックがありますが（主にRFC 1034と1035でカバーされています）、本書でその詳細については触れません。

　hostコマンドでローカル名（およびグローバル名）のIPアドレス解決ができますし、その逆もできます。

```
$ host -a localhost ❶
Trying "localhost.fritz.box"
Trying "localhost"
;; ->>HEADER<<- opcode: QUERY, status: NOERROR, id: 49150
;; flags: qr rd ra; QUERY: 1, ANSWER: 2, AUTHORITY: 0, ADDITIONAL: 0

;; QUESTION SECTION:
```

```
;localhost.                    IN      ANY

;; ANSWER SECTION:
localhost.           0         IN      A       127.0.0.1
localhost.           0         IN      AAAA    ::1

Received 71 bytes from 127.0.0.53#53 in 0 ms

$ host mhausenblas.info ❷
mhausenblas.info has address 185.199.110.153
mhausenblas.info has address 185.199.109.153
mhausenblas.info has address 185.199.111.153
mhausenblas.info has address 185.199.108.153

$ host 185.199.110.153 ❸
153.110.199.185.in-addr.arpa domain name pointer cdn-185-199-110-153.github.com.
```

❶ ローカルIPアドレスを調べる。

❷ FQDNを調べる。

❸ IPアドレスの逆引きでFQDNを検索している。GitHub CDNのようなもの。

digコマンドで、DNSレコードを調べることができます。

```
$ dig mhausenblas.info ❶
; <<>> DiG 9.10.6 <<>> mhausenblas.info
;; global options: +cmd
;; Got answer:
;; ->>HEADER<<- opcode: QUERY, status: NOERROR, id: 43159
;; flags: qr rd ra; QUERY: 1, ANSWER: 4, AUTHORITY: 2, ADDITIONAL: 5

;; OPT PSEUDOSECTION:
; EDNS: version: 0, flags:; udp: 1232
;; QUESTION SECTION:
;mhausenblas.info.              IN      A

;; ANSWER SECTION: ❷
mhausenblas.info.    1799       IN      A       185.199.111.153
mhausenblas.info.    1799       IN      A       185.199.108.153
mhausenblas.info.    1799       IN      A       185.199.109.153
mhausenblas.info.    1799       IN      A       185.199.110.153

;; AUTHORITY SECTION: ❸
mhausenblas.info.    1800       IN      NS      dns1.registrar-servers.com.
mhausenblas.info.    1800       IN      NS      dns2.registrar-servers.com.

;; ADDITIONAL SECTION:
dns1.registrar-servers.com. 47950 IN    A       156.154.132.200
```

```
dns2.registrar-servers.com. 47950 IN    A       156.154.133.200
dns1.registrar-servers.com. 28066 IN    AAAA    2610:a1:1024::200
dns2.registrar-servers.com. 28066 IN    AAAA    2610:a1:1025::200


;; Query time: 58 msec
;; SERVER: 172.16.173.64#53(172.16.173.64)
;; WHEN: Wed Sep 15 19:22:26 IST 2021
;; MSG SIZE  rcvd: 256
```

❶ dig コマンドで、mhausenblas.info の DNS レコードを調べている。

❷ DNS の A レコード。

❸ 権威ネームサーバ。

dig コマンドと同じようなコマンドとして、dog と nslookup があります。「**付録 B　モダン Linux ツール**」も参照してください。

 DNS は多くの階層からなる分散型データベースであるために、トラブルシューティングが困難となります。DNS 関連の問題をデバッグするときは、レコードの TTL と、アプリ内のローカルキャッシュからリゾルバやネームサーバ間のキャッシュまで、多くのキャッシュが存在することを念頭に置いてください。

「**7.3.1　DNS レコード**」で、SRV レコードが一般的な発見メカニズムとして機能すると述べました。コミュニティは、新しいサービスが登場するたびに新しいレコードタイプを RFC で定義するのではなく、今後登場するあらゆるサービスタイプに対応する汎用的な方法を RFC 2782（https://oreil.ly/DIKbI）で定義しました。これは SRV レコードを使用して、DNS 経由でサービスの IP アドレスとポートを通知する方法です。

実際に見てみましょう。例えば、XMPP（Extensible Messaging and Presence Protocol、https://xmpp.org/about/technology-overview/）のチャットサービスが利用可能かどうかを知りたいとします。

```
$ dig +short _xmpp-client._tcp.gmail.com. SRV ❶
20 0 5222 alt3.xmpp.l.google.com.
5 0 5222 xmpp.l.google.com. ❷
20 0 5222 alt4.xmpp.l.google.com.
20 0 5222 alt2.xmpp.l.google.com.
20 0 5222 alt1.xmpp.l.google.com.
```

❶ dig コマンドに +short オプションを設定し、回答部分（ANSWER SECTION）のみを表示している。_xmpp-client._tcp の部分は、RFC 2782 が規定する形式。コマンドの末尾にある SRV はレコードタイプを指定している。

❷ 全部で 5 つのサービスインスタンスの回答があり、例えばその中の xmpp.l.google.com:5222 の TTL は 5 秒。Jabber などの XMPP があれば、このアドレスを設定できる。

これで、DNS は終わりにして、他のアプリケーション層のプロトコルとツールについて見てみましょう。

7.4 アプリケーション層ネットワーク

この節では、ユーザ空間またはアプリケーション層のネットワークプロトコル、ツール、アプリに焦点を当てます。読者もエンドユーザとして、日常的にウェブブラウザやメールクライアントなどを使って、ほとんどの時間を過ごしていると思います。

7.4.1 ウェブ

ウェブは、1990年代初頭にSir Tim Berners-Leeによって開発されました。3つのコアコンポーネントから構成されます。

URL（Uniform Resource Locators）
RFC 1738（https://datatracker.ietf.org/doc/html/rfc1738）が元だが、多くの更新と関連するRFCがある。URLは、ウェブ上のリソースのIDと位置を定義する。リソースは静的なページの場合もあれば、動的にコンテンツを生成するプロセスの場合もある。

HTTP（Hypertext Transfer Protocol）
HTTPはアプリケーション層のプロトコルを定義し、URLで利用可能なコンテンツと対話方法を定義する。v1.1はRFC 2616（https://datatracker.ietf.org/doc/html/rfc2616/）だが、RFC 7540（https://datatracker.ietf.org/doc/html/rfc7540）で定義されたHTTP/2、HTTP/3 draft（https://datatracker.ietf.org/doc/html/draft-ietf-quic-http-34）[12]と、新しいバージョンも存在する。HTTPのコアとなる概念は以下の通り。

HTTP メソッド（https://www.restapitutorial.com/lessons/httpmethods.html）
読み出し操作のGETや書き込み操作のPOSTなど、CRUDライクなインタフェースを定義している。

リソースネーミング（https://oreil.ly/ttnOq）
URLの形成方法を規定する。

HTTP ステータスコード（https://www.restapitutorial.com/httpstatuscodes.html）
2xxは成功、3xxはリダイレクト、4xxはクライアントエラー、5xxはサーバエラー。

HTML（Hyper Text Markup Language）
当初はW3Cの仕様であったが、現在はWHATWG（https://html.spec.whatwg.org/multipage/）で入手できる現在でも使われている標準となっている。ハイパーテキストマークアップにより、ヘッダや入力などのページ要素を定義できる。

W3C と標準化

IETFもW3C（World Wide Web Consortium）も法律的な標準化はしていません。コミュニティが事実上の標準として受け入れられる仕様を、正式なプロセスで作成しています。これらの仕様を読み、詳細を理解することをお勧めします。私は2006年から10年近くウェブサイトやアプリケーションを使い、構築しましたが、W3Cの取り組みに参加するようになり、非常に有益でした。

※12 訳注：原書の執筆時点では策定中でしたが、翻訳時点ではRFC 9114（https://datatracker.ietf.org/doc/html/rfc9114）でHTTP/3の仕様は標準化されました。

URI（URLの総称）の構成（RFC 3986）と、HTTP URLとの対応を見ていきましょう。

```
michaelh:12345678@http://example.com:4242/this/is/the/way?orisit=really#another
  user    password  scheme    authority         path        query      fragment
```

構成要素は以下の通りです。

user と password（どちらも省略可能）

当初はベーシック認証に使用されていたが、現在では使用するべきではない。

代わりに、認証メカニズム（https://developer.mozilla.org/en-US/docs/Web/HTTP/Authentication）と、暗号化のHTTPS（https://en.wikipedia.org/wiki/HTTPS）を使用すること。

scheme

RFC 2718（https://datatracker.ietf.org/doc/html/rfc2718）で意味が定義されている。URLの冒頭にあるもので、HTTPのスキームはhttp。実際にはRFC 2616などHTTPファミリの仕様を示す。

authority

階層的な命名部分。HTTPの場合はホスト名とポートがある。

ホスト名

DNSのFQDNかIPアドレスのどちらかになる。

ポート

デフォルトは80。example.com:80 と example.com は同じになる。

path

さらなるリソースの詳細を示す、スキーム固有の構成要素。

query と fragment（どちらもオプション）

タグやフォームデータといった非階層的なデータを示すqueryは?の後に置かれる。HTMLではセクションとなる可能性がある二次的なリソースを示すfragmentは#の後に置かれる。

現在、ウェブは1990年代に誕生した当初のものから大きく進化し、JavaScript/ECMAScript（https://en.wikipedia.org/wiki/ECMAScript）やCSS（Cascading Style Sheets、https://www.w3.org/Style/CSS/Overview.en.html）など、多くの技術が核となっています。クライアント側の動的なコンテンツのJavaScriptとスタイリングのCSSというこれらの追加技術は、最終的にシングルページウェブアプリケーション（https://en.wikipedia.org/wiki/Single-page_application）につながっています。

このトピックは本書の範囲外ですが、基本的なこと（URL、HTTP、HTML）を知っているだけで、物事の仕組みを理解し、問題が発生したときのトラブルシューティングなどで、非常に有用でしょう。

では、HTTPサーバ側から順にフローをシミュレーションして、実際にウェブの仕様を確認しましょう。

Python（https://oreil.ly/clti0）とnetcat（nc、https://oreil.ly/AaCJG）を使って、ディレクトリの内容を提供するだけの簡単なHTTPサーバを立ち上げることができます。

Pythonを使用して、ディレクトリの内容を提供するには、次のようにします。

```
$ python3 -m http.server ❶
Serving HTTP on :: port 8000 (http://[::]:8000/) ... ❷
::ffff:127.0.0.1 - - [21/Sep/2021 08:53:53] "GET / HTTP/1.1" 200 - ❸
```

❶ Pythonの組み込みモジュールhttp.serverを使って、カレントディレクトリ（このコマンドを起動
  したディレクトリ）のコンテンツを配信する。

❷ ここで8000番ポートを使用していることが出力されている。ブラウザにhttp://localhost:8000と
  入力して、ディレクトリのコンテンツが表示されることを確認する。

❸ ブラウザでhttp://localhost:8000を表示すると、このようなログが出力される。これは、ルート（/）
  に対するHTTPリクエストが発行され、正常に処理されたことを示す（最後の200はHTTPステー
  タスコード）。

> ここでは非常に簡単なHTTPサーバでしたが、高度なサービスを提供するのであればNGINX（https://
> docs.nginx.com）のような適切なウェブサーバを検討してみてください。例えば、Docker（「**6.6.4
> Docker**」参照）を使用して、以下のコマンドでNGINXを実行できます。
>
> ```
> $ docker run --name mywebserver \ ❶
>              --rm -d \ ❷
>              -v  "$PWD":/usr/share/nginx/html:ro \ ❸
>              -p 8042:80 \ ❹
>              nginx:1.21 ❺
> ```
>
> ❶ mywebserverという名前でコンテナを実行。docker psコマンドで実行中のコンテナ名一覧を出力すると、
>   この名前がある。
> ❷ --rmは終了時にコンテナを削除し、-dはコンテナをデーモンにする（ターミナルから切り離し、バッ
>   クグラウンドで実行する）。
> ❸ カレントディレクトリ（$PWD）をNGINXのソースコンテンツディレクトリとしてコンテナにマウント
>   する。$PWDはbashのカレントディレクトリを設定する。fishでは、代わりに（pwd）を使用する。
> ❹ 8042経由でコンテナ内部のポート80をホスト上で利用できるようにする。つまり、http://
>   localhost:8042を使ってコンテナ内のウェブサーバにアクセスできるようになる。
> ❺ コンテナイメージにnginx:1.21を使用する。レジストリ部分を指定していないので、暗黙のうちに
>   Docker Hubを使用している。

では、curl（https://curl.se）を使って、前の例で起動したウェブサーバのコンテンツを取得してみましょ
う（先ほどのウェブサーバが起動していることを確認してください。すでに終了している場合は別のセッ
ションで再度起動してください）。

```
$ curl localhost:8000
<!DOCTYPE HTML PUBLIC "-//W3C//DTD HTML 4.01//EN"
                    "http://www.w3.org/TR/html4/strict.dtd">
<html>
<head>
<meta http-equiv="Content-Type" content="text/html; charset=utf-8">
<title>Directory listing for /</title>
</head>
<body>
<h1>Directory listing for /</h1>
```

```
<hr>
<ul>
<li><a href="app.yaml">app.yaml</a></li>
<li><a href="Dockerfile">Dockerfile</a></li>
<li><a href="example.json">example.json</a></li>
<li><a href="gh-user-info.sh">gh-user-info.sh</a></li>
<li><a href="main.go">main.go</a></li>
<li><a href="script.sh">script.sh</a></li>
<li><a href="test">test</a></li>
</ul>
<hr>
</body>
```

表7-1にcurlで役に立ちそうなオプションをまとめました。開発からシステム管理まで、今までの経験から選定しました。

表7-1　curlの便利なオプション

オプション	ロングオプション	説明と使用例
-v	--verbose	冗長な出力となる。デバッグに使用する。
-s	--silent	静かなcurlになる。進捗メータやエラーメッセージが表示されなくなる。
-L	--location	ページリダイレクトを追跡する（300番台のHTTPレスポンスコード）。
-o	--output	デフォルトではコンテンツはstdoutに送られる。ファイルに直接保存したい場合は、このオプションで設定する。
-I	--head	ヘッダのみを取得する（注意：すべてのHTTPサーバがパスに対するHEADメソッドをサポートしているわけではない）。
-k	--insecure	デフォルトはHTTPS（SSL接続）の検証がされる。このオプションを設定すると、安全でないと考えられるサーバ接続でも処理を継続する。

curlが利用できない場合は、wget（https://www.gnu.org/software/wget/）という別のコマンドがあります。これはcurlよりも制限がありますが、単純なHTTP関連のやり取りには十分です。

7.4.2　SSH

SSH（Secure Shell、https://en.wikipedia.org/wiki/Secure_Shell）は、安全でないネットワーク上において、暗号化されたネットワークプロトコルで安全なネットワークサービスを提供します。例えば、telnetの代わりとして、sshを使ってリモートマシンにログインしたり、（仮想）マシン間で安全なデータ通信ができます。

では、実際にSSHを使ってみます。クラウド上の仮想マシンのIPアドレスを63.32.106.149、デフォルトのユーザ名をec2-userに設定します。このマシンにログインするには、以下のようにします（出力は一部省略しており、事前に秘密鍵（.pemファイル）を~/.ssh/lml.pemとして作成していることを前提とします）。

```
$ ssh \ ❶
    -i ~/.ssh/lml.pem \ ❷
    ec2-user@63.32.106.149 ❸

...

https://aws.amazon.com/amazon-linux-2/
11 package(s) needed for security, out of 35 available
Run "sudo yum update" to apply all updates.
[ec2-user@ip-172-26-8-138 ~]$ ❹
```

❶ リモートマシンにログインするには、sshコマンドを使用する。

❷ パスワードではなく、秘密鍵ファイル~/.ssh/lml.pemを使っている。今回はデフォルトの場所~/.sshに存在するため、厳密には-iオプションでの指定は必要ない。

❸ SSHで接続するマシン名（username@hostの形式）。

❹ ログイン処理が完了すると、ターゲットマシンのプロンプトになる。これでローカルと同じように操作できる。

一般的なSSHの使い方をいくつか紹介します。

- SSHサーバを動かしていて、他の人にもsshでの接続を許可している場合は、必ずパスワード認証の無効化（https://oreil.ly/Jz5tA）をすること。鍵ペアを作成し、その公開鍵をサーバ側と共有し、~/.ssh/authorized_keysに追加して、公開鍵認証によるログインにする。
- ssh -tで、強制的に擬似ttyを割り当てる。
- sshでログインして、表示に問題がある場合はexport TERM=xtermを設定する。
- クライアントでsshセッションのタイムアウトを設定する。ユーザごとに、~/.ssh/configで、ServerAliveIntervalとServerAliveCountMaxオプションを設定し、接続を持続させることができる。
- 秘密鍵ファイルのパーミッションが間違っていることはよくあるが、それ以外の問題が発生した場合は、-vオプションを付ける。内部で何が起こっているかの詳細が出力される（-vvvのようにvを複数設定するとさらに詳細が出力される）。

SSHはログインしてマシン操作をするだけでなく、ファイル転送ツールのように、内部の構成要素として使われることもあります。

7.4.3　ファイル転送

ネットワーク越しにファイルを転送することは、頻繁に行われます。ローカルマシンからクラウド上のサーバへ、またはローカルネットワーク内の別のマシンから、転送したりします。

リモートシステムへのコピーには、SSHの上で動作するscp（「セキュアコピー」の略、https://linux.die.net/man/1/scp）が有名です。scpはsshを使うので、パスワード（または鍵ベース認証）を設定しておく必要があります。

ローカルマシンからIPv4アドレスが63.32.106.149のリモートマシンにファイルをコピーしたいと仮定

します。

```
$ scp copyme \ ❶
      ec2-user@63.32.106.149:/home/ec2-user/ ❷
copyme                    100%    0    0.0KB/s    00:00
```

❶ コピー元のファイルは、カレントディレクトリのcopyme。

❷ コピー先は、63.32.106.149上の/home/ec2-user/ディレクトリ。

rsync（https://www.man7.org/linux/man-pages/man1/rsync.1.html）を使うとファイルの同期ができます。scpで個別のファイル転送よりもずっと便利で高速です。rsyncもSSHを使用します。

それでは、rsyncを使って、ローカルマシンの~/data/から63.32.106.149にあるホストへファイルを転送します。

```
$ rsync -avz \ ❶
      ~/data/ \ ❷
      mh9@63.32.106.149: ❸
building file list ... done
./
example.txt

sent 155 bytes  received 48 bytes  135.33 bytes/sec
total size is 10  speedup is 0.05

$ ssh ec2-user@63.32.106.149 -- ls ❹
example.txt
```

❶ オプションを設定。-aはアーカイブ（ディレクトリを再帰的にコピー、パーミッション保持など）モード、-vは冗長メッセージを出力、-zは転送中のデータを圧縮する。

❷ コピーするディレクトリ（-aは-rを含むので再帰的に処理される）。

❸ 宛先はuser@host形式で指定。

❹ データが届いたかどうか、リモートマシンでlsを実行して確認する。次の行でファイルが確認できたので、データは届いている。

もしrsyncでコピーされるファイルを確認したい場合は、他のオプションに加えて--dry-runオプションを使用してください。これは実際のコピーは実行しないので、安全です。

また、rsyncは新規、または差分のあるファイルだけをコピーするようにできるため、ディレクトリのバックアップを行うのに最適です。

> ホストの末尾に必ず:を追加してください。:がないと、rsyncは宛先をローカルディレクトリとして解釈してしまいます。つまり、ファイルをリモートマシンにコピーするのではなく、ローカルマシンにコピーします。例えば、user@example.comを宛先とした場合、user@example.com/というディレクトリをカレントディレクトリに作成してコピーします。

最後に、よくあるユースケースとして、Amazon S3バケットにファイルを転送する場合があります。そ

れらのファイルをダウンロードするには、AWS CLI（https://aws.amazon.com/jp/cli/）でs3サブコマンドを以下のように使用します。ここではパブリックなS3バケットにあるOpen Data registry（https://registry.opendata.aws/commoncrawl/）のデータセットを使用します（出力は一部省略）。

```
$ aws s3 sync \  ❶
    s3://commoncrawl/contrib/c4corpus/CC-MAIN-2016-07/ \  ❷
    .\  ❸
    --no-sign-request  ❹
download: s3://commoncrawl/contrib/c4corpus/CC-MAIN-2016-07/
Lic_by-nc-nd_Lang_af_NoBoilerplate_true_MinHtml_true-r-00009.seg-00000.warc.gz to
./Lic_by-nc-nd_Lang_af_NoBoilerplate_true_MinHtml_true-r-00009.seg-00000.warc.gz
download: s3://commoncrawl/contrib/c4corpus/CC-MAIN-2016-07/
Lic_by-nc-nd_Lang_bn_NoBoilerplate_true_MinHtml_true-r-00017.seg-00000.warc.gz to
./Lic_by-nc-nd_Lang_bn_NoBoilerplate_true_MinHtml_true-r-00017.seg-00000.warc.gz
download: s3://commoncrawl/contrib/c4corpus/CC-MAIN-2016-07/
Lic_by-nc-nd_Lang_da_NoBoilerplate_true_MinHtml_true-r-00004.seg-00000.warc.gz to
./Lic_by-nc-nd_Lang_da_NoBoilerplate_true_MinHtml_true-r-00004.seg-00000.warc.gz
...
```

❶ AWS S3コマンドを使用して、パブリックバケットからファイルを同期する。

❷ ソースバケットのs3://commoncrawlと、同期させたいソースのパス。このディレクトリには8 GBを超えるデータがあるため、帯域幅に問題がなければ、このまま実行する[13]。

❸ 同期先はピリオド（.）でカレントディレクトリを設定。

❹ 一般公開されているバケット（その中のデータ）なので、認証は無視/スキップする。

RFC 959（https://datatracker.ietf.org/doc/html/rfc959）で定義されているFTP（File Transfer Protocol）は現在もよく使われていますが、今後使うことはお勧めしません。安全ではなく、この節で説明したように、より優れた代替手段があるからです。

7.4.4　NFS

他にネットワーク経由でファイルを共有するのに広く使用されている方法として、NFS（Network File System）があります。NFSはもともと1980年代初頭にSun Microsystemsによって開発されました。RFC 7530（https://www.rfc-editor.org/rfc/rfc7530）などIETF仕様に従って何度もバージョンが更新され、非常に安定しています。

通常、NFSサーバは、クラウドプロバイダやIT部門によって管理されているでしょう。必要なのはクライアントをインストールするだけです（通常はnfs-commonパッケージに含まれています）。そして、以下のようにNFSサーバからソースディレクトリをマウントできます。

```
$ sudo mount nfs.example.com:/source_dir /opt/target_mount_dir
```

AWSやAzureなど、多くのクラウドプロバイダがNFSサービスを提供しています。これにより、ストレージを大量に消費するアプリケーションに対して、ローカルストレージのような感覚で、大量の容量を

※13　訳注：S3コンフィグで帯域幅の上限を設定できます。例えばaws configure set default.s3.max_bandwidth 50MB/sコマンドでも設定できます。詳細はhttps://docs.aws.amazon.com/cli/latest/topic/s3-config.htmlで説明されています。

提供できます。しかし、メディアアプリケーションには、ネットワーク接続ストレージ（NAS、https://olinux.net/open-source-linux-nas-servers/）の方が適切かもしれません。

7.4.5 Windowsとのファイル共有

ローカルネットワークにWindowsマシンがあり、データを共有したい場合には、1980年代にIBMで開発されたプロトコルであるSMB（Server Message Block、https://en.wikipedia.org/wiki/Server_Message_Block）や、Microsoftによる後継のCIFS（Common Internet File System、https://oreil.ly/qMEjj）を使用します。

Linuxとファイル共有をするには、Linux用の標準となっているSamba（https://www.samba.org）を使用することになるでしょう。

7.5 ネットワークの高度なトピック

この節では、TCP/IPスタック上の高度なネットワークプロトコルとツールについて説明します。これら一般的ではありませんが、開発者やシステム管理者であれば、存在は知っておくべきでしょう。

7.5.1 whois

whois（https://linux.die.net/man/1/whois）はwhoisディレクトリサービスのクライアントで、ドメイン名やIPアドレスのオーナーや登録情報を調べることができます。例えば、ietf.orgドメインの管理者を知るには（有料になりますが、対応しているドメイン登録機関（レジストラ）によっては、whois情報を非公開にできます）、次のコマンドを実行します。

```
$ whois ietf.org ❶
% IANA WHOIS server
% for more information on IANA, visit http://www.iana.org
% This query returned 1 object

refer:        whois.pir.org

domain:       ORG

organisation: Public Interest Registry (PIR)
address:      11911 Freedom Drive 10th Floor,
address:      Suite 1000
address:      Reston, VA 20190
address:      United States

contact:      administrative
name:         Director of Operations, Compliance and Customer Support
organisation: Public Interest Registry (PIR)
address:      11911 Freedom Drive 10th Floor,
address:      Suite 1000
```

```
address:     Reston, VA 20190
address:     United States
phone:       +1 703 889 5778
fax-no:      +1 703 889 5779
e-mail:      ops@pir.org
...
```

❶ whois コマンドでドメインの登録情報を調べる。

7.5.2 DHCP

DHCP（Dynamic Host Configuration Protocol、https://en.wikipedia.org/wiki/Dynamic_Host_Configuration_Protocol）は、ホストへIPアドレスの自動割り当てを行うネットワークプロトコルです。これは、クライアントとサーバの構築ができれば、手動でネットワーク機器を設定する必要はありません。

DHCPサーバの設定と管理は本書の範囲外ですが、dhcpdump（https://linux.die.net/man/1/dhcpdump）を使ってDHCPパケットをスキャンできます。ローカルネットワークのデバイスにIPアドレスが設定されていない状態で、IPアドレスを取得するには以下のコマンドを実行します（出力は一部省略）。

```
$ sudo dhcpdump -i wlp1s0 ❶
  TIME: 2021-09-19 17:26:24.115
    IP: 0.0.0.0 (88:cb:87:c9:19:92) > 255.255.255.255 (ff:ff:ff:ff:ff:ff)
    OP: 1 (BOOTPREQUEST)
 HTYPE: 1 (Ethernet)
  HLEN: 6
  HOPS: 0
   XID: 7533fb70
   ...
OPTION:  57 (  2) Maximum DHCP message size 1500
OPTION:  61 (  7) Client-identifier        01:88:cb:87:c9:19:92
OPTION:  50 (  4) Request IP address       192.168.178.42
OPTION:  51 (  4) IP address leasetime     7776000 (12w6d)
OPTION:  12 ( 15) Host name                MichaelminiiPad
...
```

❶ dhcpdumpで、インタフェースwlp1s0が通信しているDHCPパケットを監視する。

7.5.3 NTP

NTP（Network Time Protocol、http://www.ntp.org）は、ネットワークを通してコンピュータの時刻を同期させるものです。例えば、標準的なNTPの問い合わせプログラムであるntpq（https://linux.die.net/man/8/ntpq）を使うと、次のようにタイムサーバへ問い合わせができます。

```
$ ntpq -p ❶
     remote           refid      st t when poll reach   delay   offset  jitter
==============================================================================
 0.ubuntu.pool.n .POOL.          16 p    -   64    0   0.000    0.000   0.000
 1.ubuntu.pool.n .POOL.          16 p    -   64    0   0.000    0.000   0.000
```

```
2.ubuntu.pool.n .POOL.          16 p    -   64   0   0.000    0.000   0.000
3.ubuntu.pool.n .POOL.          16 p    -   64   0   0.000    0.000   0.000
ntp.ubuntu.com  .POOL.          16 p    -   64   0   0.000    0.000   0.000
...
ntp17.kashra-se 90.187.148.77    2 u    7   64   1   27.482  -3.451   2.285
golem.canonical 17.253.34.123    2 u   13   64   1   20.338   0.057   0.000
chilipepper.can 17.253.34.123    2 u   12   64   1   19.117  -0.439   0.000
alphyn.canonica 140.203.204.77   2 u   14   64   1   91.462  -0.356   0.000
pugot.canonical 145.238.203.14   2 u   13   64   1   20.788   0.226   0.000
```

❶ -pオプションで、このマシンが把握しているピアのリストとその状態を表示する。

　通常、NTPはバックグラウンドで動作し、systemdやその他のデーモンによって起動されます。そのため、手動で問い合わせることはほとんどないでしょう。

7.5.4　wiresharkとtshark

　低レベルのネットワークトラフィック解析する場合、つまり、スタック全体のパケットを表示したい場合は、コマンドラインツールtshark（https://oreil.ly/n7Urm）またはそのGUIベースのwireshark（https://oreil.ly/YQrSa）を使用します。

　例えば、ip linkによってwlp1s0があるとわかっているので、そこのトラフィックをキャプチャしてみます（出力は一部省略）。

```
$ sudo tshark -i wlp1s0 tcp ❶
Running as user "root" and group "root". This could be dangerous.
Capturing on 'wlp1s0'
    1 0.000000000 192.168.178.40 → 34.196.251.55 TCP 66 47618 → 443
    [ACK] Seq=1 Ack=1 Win=501 Len=0 TSval=3796364053 TSecr=153122458
    2 0.111215098 34.196.251.55 → 192.168.178.40 TCP 66
    [TCP ACKed unseen segment] 443 → 47618 [ACK] Seq=1 Ack=2 Win=283
    Len=0 TSval=153167579 TSecr=3796227866
    ...
    8 7.712741925 192.168.178.40 → 185.199.109.153 HTTP 146 GET / HTTP/1.1 ❷
    9 7.776535946 185.199.109.153 → 192.168.178.40 TCP 66 80 → 42000 [ACK]
    Seq=1 Ack=81 Win=144896 Len=0 TSval=2759410860 TSecr=4258870662
   10 7.878721682 185.199.109.153 → 192.168.178.40 TCP 2946 HTTP/1.1 200 OK
    [TCP segment of a reassembled PDU]
   11 7.878722366 185.199.109.153 → 192.168.178.40 TCP 2946 80 → 42000
    [PSH, ACK] Seq=2881 Ack=81 Win=144896 Len=2880 TSval=2759410966 \
    TSecr=4258870662
    [TCP segment of a reassembled PDU]
    ...
```

❶ tsharkでwlp1s0上のネットワークトラフィックをキャプチャし、TCPのみを監視する。

❷ 別のセッションでは、curlコマンドでHTTP通信を実施。その中で通信のあったパケットが出力されている。

また、昔からあり、より広く利用されているキャプチャツールとして tcpdump（http://www.tcpdump.org）もあります。

7.5.5　他の高度なツール

ネットワーク関連の高度なツールは他にも数多くあります。一部ですが便利なものを以下に挙げます。

socat（https://linux.die.net/man/1/socat）
: 2つの双方向のバイトストリームを確立し、エンドポイント間でのデータ転送を可能にする[14]。

geoiplookup（https://linux.die.net/man/1/geoiplookup）
: IPアドレスから地理的な地域を特定する。

トンネル
: VPNや他のサイト間ネットワークに代わる、便利なソリューション。inlets（https://docs.inlets.dev、インレット）などのツールがある[15]。

BitTorrent
: ファイルを**トレント**と呼ばれるパッケージにグループ化するピアツーピアシステム。いくつかのクライアント（https://linuxiac.com/best-torrent-clients/）で、さまざまなツールについて説明されている。

7.6　まとめ

　この章では、NICのようなハードウェアレベルから、TCP/IPスタック、アプリケーション層、HTTPのようなユーザ向けコンポーネントまで、一般的なネットワーク用語を定義しました。

　LinuxはTCP/IPスタックの標準に準拠した実装を提供しており、ソケットによるプログラミングや、ip コマンドなどで設定や問い合わせができます。

　さらに、日々の（ネットワーク関連の）フローのほとんどを占めるアプリケーション層のプロトコルとインタフェースについて説明しました。コマンドとしては転送用の curl とDNS探索用の dig があります。

　ネットワークの各トピックについての詳細は、以下のリソースを確認してみてください。

TCP/IP スタック

- Christian Benvenuti、Understanding Linux Network Internals（https://oreil.ly/pXRxW、O'Reilly、2005）
- 「A Protocol for Packet Network Intercommunication」（https://oreil.ly/wRxdI）
- DHCPサーバ設定ページ（https://wiki.debian.org/DHCP_Server）
- 「Hello IPv6: A Minimal Tutorial for IPv4 Users」（https://metebalci.com/blog/hello-ipv6/）
- 「Understanding IPv6-7 Part Series」（https://networkingwithfish.com/understanding-ipv6-7-part-series/）
- IPv6 articles by Johannes Weber によるIPv6関連の記事集（https://weberblog.net/ipv6/）
- Iljitsch van Beijnum のBGP Expert サイト（https://www.bgpexpert.com/）

---

[14]　訳注：直接通信ができないホストの間にあるマシンで socat によりパケット転送の設定をすると、proxy のような役割となり、あたかも直接通信できるかのようになります。

[15]　訳注：inlets は暗号化された WebSocket で制限のあるネットワークを通過できます。

- 「Everything You Ever Wanted to Know About UDP Sockets but Were Afraid to Ask」（https://oreil.ly/CCrfA）

DNS
- 「An Introduction to DNS Terminology, Components, and Concepts」（https://oreil.ly/K31GM）
- 「How to Install and Configure DNS Server in Linux」（https://oreil.ly/eKdtK）
- 「Anatomy of a Linux DNS Lookup」（https://oreil.ly/KkVSf）
- 「TLDs—Putting the .fun in the Top of the DNS」（https://oreil.ly/KkVSf）

アプリケーション層と高度なネットワーク
- 「SSH Tunneling Explained」（https://goteleport.com/blog/ssh-tunneling-explained/）
- Everything curl（https://curl.se/book.html）
- 「What Is DHCP and How to Configure DHCP Server in Linux」（https://oreil.ly/hrLpo）
- 「How to Install and Configure Linux NTP Server and Client」（https://oreil.ly/kHZhw）
- NFS wiki（http://linux-nfs.org/wiki/index.php/Main_Page）
- 「Use Wireshark at the Linux Command Line with TShark」（https://oreil.ly/1ttt0）
- 「Getting Started with socat」（https://oreil.ly/LWXCj）
- 「Geomapping Network Traffic」（https://oreil.ly/TAd0b）

それでは次のトピックに移ります。手探りを避けるためにオブザーバビリティ（可観測性）を使います。

8章
オブザーバビリティ（可観測性）

　カーネルからユーザに接する部分まで、ソフトウェアスタック全体で何が起こっているのかを可視化する必要があります。そのためには、それぞれの箇所に適した可視化ツールを知ることが重要です。

　この章では、Linuxとそのアプリケーションが生成するシグナル（イベント、通知）を収集し、利用することで、事実に基づいた判断をできるようにするのが目的です。例えば、以下のようなことができます。

- プロセスのメモリ消費量を把握する
- ディスク領域がどのくらいで不足するかを予測する
- セキュリティ上の理由から、カスタムイベントのアラートを取得する

　認識を合わせるために、まず、システムログやアプリケーションログ、メトリクス、プロセストレースなど、誰もが遭遇するであろうシグナルの種類を確認します。また、トラブルシューティングとパフォーマンス測定の方法についても見ていきます。次にログについて、さまざまな選択肢と内容を確認します。また、CPU、メモリ、I/Oトラフィックなど、リソースの監視について説明します。利用できるツールを検討し、採用するときの手順を紹介します。

　オブザーバビリティは、たいていは事後（対症的）になります。つまり、何かがクラッシュしたり、動作が遅くなったりした後に、プロセスとそのCPUやメモリの使用量を見たり、ログを調べたりします。しかし、オブザーバビリティがより調査的になる場合もあります。例えば、あるアルゴリズムにどれくらい時間がかかるかを測定するときです。また、重要なこととして、（対症的ではなく）予測のための監視もあります。例えば、現在の動作から将来の状態を推測して、それに到達したときにアラートを上げます（負荷に対するディスク使用量を推定するなど）。

　オブザーバビリティについて有名で優れた図は、パフォーマンスの第一人者であるBrendan Greggによるものです。**図8-1**はLinux Performanceサイト（https://www.brendangregg.com/linuxperf.html）から引用したものですが、コンポーネントに対して利用できるツールの豊富さがひと目でわかります。

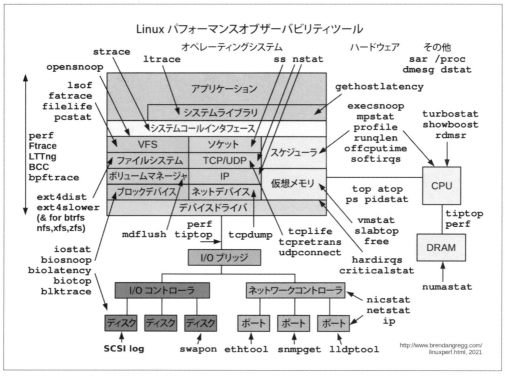

図8-1　Linuxのオブザーバビリティの概要 ©Brendan Gregg（CC BY-SA 4.0ライセンス下で共有）

　オブザーバビリティは、多くのユースケースと多くの（オープンソースの）ツールがあり、知っているだけでも非常に有益なトピックです。それではよく使われる用語について見ていきます。

8.1　基本

　オブザーバビリティの用語に入る前に、提供された情報を実用的な洞察に変え、それを使って構造的に問題を解決したりアプリを最適化したりする方法を見てみましょう。

8.1.1　オブザーバビリティの戦略

　オブザーバビリティで広く確立された戦略の1つが、OODAループ（observe-orient-decide-act、https://en.wikipedia.org/wiki/OODA_loop）です。これは、観測データに基づいて仮説を検証し、行動する構造化された方法です。つまり、シグナルから実行性のある洞察を得ることです。

　例えば、あるアプリケーションの動作が遅いとし、原因として複数の可能性があるとします（メモリが不足、CPUリソースが少なすぎる、ネットワークI/Oが不十分、など）。そこでまずは、各リソースの消費量を測定したいと思うでしょう。次に、各リソースの割り当てを個別に変更し（他のリソースは変更しない）、結果を測定します。

アプリに多くのメモリを割り当てた後、パフォーマンスが向上したならメモリ不足が原因だった可能性があります。そうでない場合は、別のリソース割り当てを変更し、常に消費量を測定して、観察された状況から影響度を検討します。

8.1.2 用語

オブザーバビリティ[1]にはさまざまな用語があり、また、1台のマシンで観測している場合とネットワーク（分散）環境で見ている場合とでは、少し意味が異なる場合があります。

オブザーバビリティ

外部から情報を測定して、システム（Linuxなど）の内部状態を評価することで、それから何らかの行動をすることが目的。例えば、システムの反応が遅いことに気づき、メモリの使用量を測定したところ、あるアプリがメモリを専有しており、そのアプリを強制終了させると状況が改善した、など。

シグナルの種類

システムの状態に関する情報を発信するさまざまな手段のこと。象徴的なもの（ログの場合はテキスト）、（メトリクスの場合）数値、またはそれらの組み合わせのいずれかがある。「8.1.3　**シグナルの種類**」も参照。

ソース

シグナルを生成するもので、ソースにより潜在的に異なるタイプのシグナルとなる。ソースはLinuxまたはアプリケーション。

デスティネーション（宛先）

シグナルを受け取り、保存し、処理する場所。ユーザインタフェース（GUI、TUI、CLI）を公開するデスティネーションを**フロントエンド**と呼ぶ。例えば、ログビューワや時系列データをプロットするダッシュボードはフロントエンドであるが、S3バケットはフロントエンドではない（しかし、例えばログのデスティネーションとして機能することはできる）。

テレメトリ

ソースからシグナルを抜き出し、そのシグナルをデスティネーションに転送（またはルーティング、送信）するプロセスのこと。多くの場合、シグナルを収集、前処理（例えば、フィルタリングやダウンサンプル）するエージェントを採用する。

8.1.3　シグナルの種類

シグナルとは、システムの状態を把握するための情報を伝達する方法です。大体は、テキスト（人間が検索して解釈するのに最適）と数値（マシンと、加工されていれば人間にも適している）は区別されます。この章ではログ、メトリクス、トレースの基本的な3つの種類のシグナルを扱います。

8.1.3.1　ログ

ログは、すべてのシステムが生成する基本的なシグナルです。ログは人間が扱うことを前提とし、テキストで構成されたイベントです。通常、これらのイベントにはタイムスタンプが付きます。理想的には、ログ

---

[1]　**オブザーバビリティ**（observability）は、「o」と「y」の間に11文字あるので、「o11y」というヌメロニム（数略語）で呼ばれることもあります。

メッセージの各部分に対して明確な意味が定義され、構造化されていることです。これは、自動で検証ができるように、正式なスキーマで整形される場合があります。

　程度の差はありますが、すべてのログは何らかの構造を持っています（定義が不十分で、区切り文字や、エッジケース（異常系、ごくまれなケース）により潜在的に構文解析が難しいのもあります）。よく**構造化ログ（structured logging）**という用語を見かけるかもしれませんが、実際には、JSONで構造化されていることを意味しています。

　ログの内容を自動処理するのは難しいですが(テキストの性質上)、ログは人間にとって非常に有用であり、これからもしばらくの間は主流のシグナルタイプであり続けると思われます。ログの扱いについては「8.2ログ」で詳しく説明します。ログは最も重要なシグナルタイプであり、この章ではほぼログを取り扱います。

8.1.3.2　メトリクス

　メトリクスとは、定期的にサンプリングされた数値データであり、時系列になっています。個々のデータは、大きさ（範囲、長さ）または識別用メタデータが追加されます。通常、生のメトリクスを直接扱うことはありません。代わりに、集計やグラフ表示を使用したり、特定の条件を満たした場合に通知を受け取ったりします。メトリクスは、運用とトラブルシューティングの両方で使います。アプリで処理されたトランザクションの数や、ある操作にかかった時間（X分間経過）などの情報が得られます。

　メトリクスにおいて、以下のような区別があります。

カウンタ
　カウンタの値は、（カウンタをゼロにリセットする以外には）増えるだけである。カウンタの例としては、あるサービスが処理したリクエストの数や、ある期間中にインタフェースで送信されたバイト数などが挙げられる。

ゲージ
　ゲージの値は増減がある。ゲージの例としては、現在の空きメモリサイズや、実行されているプロセス数などが挙げられる。

ヒストグラム
　値の分布を作成する方法。バケットを使用して、ヒストグラムによりデータ全体がどのように構成されているかの評価ができる。また、柔軟な表現が可能（例えば、値の50％や90％がある範囲に収まるなど）。

　「8.3　監視」では、簡単なユースケースに使用できるさまざまなツールを説明します。「8.4.2 PrometheusとGrafana」では、メトリクスの高度な設定例を紹介します。

8.1.3.3　トレース

　トレースとは、実行時の情報（例えば、あるプロセスが実行しているシステムコールや、ある目的のためにカーネル内の時系列でのイベント）を動的に収集します。トレースは、デバッグだけでなく、性能評価にもよく使われます。これについては「8.4.1　トレースとプロファイリング」で詳しく述べます。

8.2　ログ

　前述したように、ログは人間が解釈できるテキストのイベントです。これについて1つずつ確認しましょう。

個別のイベント

コードベースで個別のイベントを考えてみる。ログを確認して、コード上で何が起こっているかの情報を共有したいとする。例えば、データベース接続が正常に確立されたことを示すログを出力する。他には、必要なファイルがないときにエラーフラグを立てることが考えられる。ログメッセージのスコープを小さく、具体的にしておくと、メッセージを扱う側がコード内の場所を見つけるのが容易になる。

テキスト

ログメッセージは、テキストを含んでいる。これを扱うのは人間で、言い換えれば、コマンドラインのログビューワであろうと、視覚的なUIを持つ高級なログ処理システムであろうと、人間がログメッセージの内容を読み、解釈し、それに基づいて行動を決定する。

構造的な観点から見ると、全体としてログは以下のように構成されます。

ログ、メッセージ、または行の集合体

個別のイベントに関する情報を取得する。

メタデータまたはコンテキスト

メッセージごとに存在し、グローバルな範囲（例えば、ログファイル全体）にも含まれることがある。

どのように個々のログメッセージが解釈されるかの形式

ログの要素と意味を定義する。例としては、スペースで区切られた行指向のメッセージや、JSONスキーマがある。

表8-1 では、いくつかの一般的なログフォーマットをまとめました。データベースやプログラミング言語など、多くの（特化した、狭い範囲の）フォーマットやフレームワークがあります。

表8-1　一般的なログフォーマット

フォーマット	備考
共通イベントフォーマット	ArcSight が開発、デバイス、セキュリティユースケースに使用。
共通ログフォーマット（https://oreil.ly/Da7uC）	ウェブサーバ用。
Graylog 拡張ログフォーマット（https://oreil.ly/6MBHm）	Graylog 社が開発。
Syslog	OS、アプリ、デバイス向け。「8.2.1　Syslog」を参照
埋め込みメトリクスフォーマット（https://oreil.ly/LeXhe）	Amazon が開発（ログとメトリクスの両方）。

ログに関わる問題として、オーバーヘッドは避けたいものです（高速な検索と、小さいフットプリント、つまり、ディスク容量を節約することの妨げとなるからです）。これには、よく logrotate（https://linux.die.net/man/8/logrotate）でログローテーションをします。また、**データ温度（data temperature）** という概念も有効です。古いログファイルはより安価で低速なストレージ（アタッチドディスク、S3バケット、Glacier）に移動させます。

特に本番環境では、ログ情報に注意が必要です。ログメッセージに機密情報が含まれていないことを確認しましょう。この機密情報とは、パスワード、APIキー、あるいは単に個人を特定できてしまうような情報（メールアドレス、アカウントID）などがあります。

問題は、ログが永続的な形式（ローカルディスクやS3バケット）で保存されていることです。プロセスが終了した後でも、ログ情報にアクセスされ、そこに機密情報が入っていると攻撃のヒントとして利用されてしまう可能性があります。

ログの重要性や意図する対象者を示すのに、よくレベルを定義します（例えば、開発用のDEBUG、通常ステータス用のINFO、対応が必要な予期せぬ状況を示すERRORなど）。

それでは、簡単なことから手を動かしてみて、Linuxの主なログディレクトリを見てみます（出力は一部省略）。

```
$ ls -al /var/log
drwxrwxr-x   8 root     syslog            4096 Jul 13 06:16 .
drwxr-xr-x  13 root     root              4096 Jun  3 07:52 ..
drwxr-xr-x   2 root     root              4096 Jul 12 11:38 apt/ ❶
-rw-r-----   1 syslog   adm               7319 Jul 13 07:17 auth.log ❷
-rw-rw----   1 root     utmp              1536 Sep 21 14:07 btmp ❸
drwxr-xr-x   2 root     root              4096 Sep 26 08:35 cups/ ❹
-rw-r--r--   1 root     root             28896 Sep 21 16:59 dpkg.log ❺
-rw-r-----   1 root     adm              51166 Jul 13 06:16 dmesg ❻
drwxrwxr-x   2 root     root              4096 Jan 24  2021 installer/ ❼
drwxr-sr-x+  3 root     systemd-journal   4096 Jan 24  2021 journal/ ❽
-rw-r-----   1 syslog   adm               4437 Sep 26 13:30 kern.log ❾
-rw-rw-r--   1 root     utmp            292584 Sep 21 15:01 lastlog ❿
drwxr-xr-x   2 ntp      ntp               4096 Aug 18  2020 ntpstats/ ⓫
-rw-r-----   1 syslog   adm             549081 Jul 13 07:57 syslog ⓬
```

❶ aptパッケージマネージャのログ

❷ すべてのログイン情報（成功、失敗）と認証処理のログ

❸ ログインに失敗したときのログ

❹ 印刷関連ログ

❺ dpkgパッケージマネージャのログ

❻ デバイスドライバのログ。dmesgを使って参照する

❼ システムのインストールログ（Linuxディストリビューションが最初にインストールされたときのログ）

❽ journalctlの場所。詳細は「8.2.2　journalctl」で説明

❾ カーネルログ

❿ すべてのユーザの最終ログインログ。lastlogで参照

⓫ NTP関連のログ（NTPについては「7.5.3　NTP」を参照）

⓬ syslogdの場所。詳細は「8.2.1　Syslog」を参照

ログをリアルタイムで確認することもできます。tailコマンドに-fオプションを付けると、ログの表示後に追加されたログが画面上でも確認できるようになります。

```
$ tail -f /var/log/syslog ❶
Sep 26 15:06:41 starlite nm-applet[31555]: ... 'GTK_IS_WIDGET (widget)' failed
Sep 26 15:06:41 starlite nm-dispatcher: ... new request (3 scripts)
Sep 26 15:06:41 starlite systemd[1]: Starting PackageKit Daemon...
Sep 26 15:06:41 starlite nm-dispatcher: ... start running ordered scripts...
Sep 26 15:06:42 starlite PackageKit: daemon start ❷
^C
```

❶ -f オプションで syslogd プロセスのログをフォローする（追跡する）。

❷ ログの一例。フォーマットについては「8.2.1　Syslog」を参照。

> あるプロセスが出力しているメッセージを見ながら、同時にファイルに保存したい場合は、tee（https://
> www.man7.org/linux/man-pages/man1/tee.1.html）コマンドを使います。
>
> ```
> $ someprocess | tee -a some.log
> ```
>
> これでターミナルに someprocess の出力が表示され、同時にその出力が some.log に保存されます。ここでは既
> 存のログファイルに追記する -a オプションを使用しています。このオプションがない場合は、ログファイルが
> 最初から上書きされます。

それでは、Linuxで最もよく使われる2つのログ記録システムを見てみます。

8.2.1　Syslog

　Syslogは、カーネルからデーモン、ユーザ空間まで、さまざまなソースのための標準的なロギング機
能です。そのルーツはネットワーク環境にあります。そしてプロトコルはRFC 5424（https://www.rfc-
editor.org/rfc/rfc5424）でテキスト形式と、配置シナリオ[※2]、セキュリティの考慮事項が定義されています。
図8-2はSyslogのフォーマットを示していますが、さほど使われないオプショナルなフィールドもたくさ
んあります。

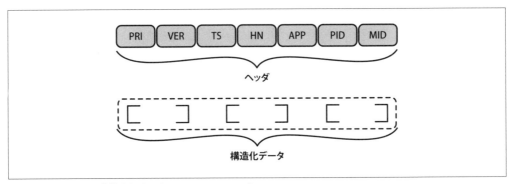

図8-2　RFC 5424で定義されているSyslog フォーマット

　RFC 5424で定義されているSyslogのフォーマットには、以下のヘッダフィールドがあります（TSとHN

※2　訳注：Syslogの発信元と、Syslogを収集するコレクタ、Syslogメッセージを転送するリレーなどの配置構成を示します。

がよく使われます）。

PRI
　メッセージのファシリティ/重大度

VER
　Syslogのプロトコル番号（通常は1しかないので省略される）

TS
　ISO 8601フォーマットのメッセージが生成された時刻

HN
　メッセージを送信したマシンを識別するフィールド

APP
　メッセージを送信したアプリケーション（あるいはデバイス）を識別するフィールド

PID
　メッセージを送信したプロセスを識別するフィールド

MID
　オプションのメッセージID

　このフォーマットには、ペイロードを [ ] で区切られた構造化リスト（キーと値）で表した**構造化データ**も含まれます。

　一般的には、syslogd（https://linux.die.net/man/8/syslogd）を使ってログを管理することになりますが、新しい実装もあります。

syslog-ng（https://github.com/syslog-ng/syslog-ng）
　syslogdの代替として使用できる拡張されたsyslogデーモン。TLS、コンテンツベースのフィルタリング、PostgreSQLやMongoDBなどのデータベースへのロギングをサポートしている。1990年後半に登場した。

rsyslog（https://www.rsyslog.com/）
　Syslogプロトコルを拡張し、systemdとともに使用することができる。2004年に登場した。

　昔からあるものですが、Syslogプロトコルとツールのファミリはまだ存在し、広く利用されています。systemdがinitシステムのデファクトスタンダードとなり、すべての主要なLinuxディストリビューションで使用されていますが、initシステムからsystemdに置き換わった際に、ログを取得するsystemdジャーナルが登場しました。

8.2.2　journalctl

　「6.3 systemd」では、systemdのエコシステムの一部で、ログを管理するコンポーネントjournalctl（https://www.man7.org/linux/man-pages/man1/journalctl.1.html）について簡単に触れました。

　journalctlはSyslogやこれまで使ってきた他のシステムとは対照的で、ログを保存するのにバイナリ形式を使用します。これにより、高速なアクセスと、ストレージ使用量の削減が可能になります。

　バイナリ保存形式が導入されたとき、ログを見たり検索したりするのに使い慣れたtail、cat、grepコマ

ンドは使用できなかったので、批判はありました。代わりに専用のjournalctlコマンドを使わなければな
りません。

それでは、いくつかの例を見てみましょう。パラメータなしでjournalctlを実行すると、すべてのログ
を表示するインタラクティブなページャ（矢印キーやスペースバーでスクロールしてqで終了）が起動します。

時間範囲を制限するには、以下のようにします。

```
$ journalctl --since "3 hours ago" ❶
```

```
$ journalctl --since "2021-09-26 15:30:00" --until "2021-09-26 18:30:00" ❷
```

❶ 時間範囲を3時間前から発生したログに限定している。

❷ 開始と終了の期間を設定している。

以下のように、出力をsystemdのサービス単位に制限することができます。

```
$ journalctl -u abc.service
```

journalctlは、ログ出力のフォーマットをカスタマイズできます。output（略して -o）パラメータを使用する
と、特定のユースケースに対して出力を選択できます。主なものは以下です。

cat
　タイムスタンプやソースを除外した、ログメッセージのみの短い形式。

short
　デフォルトの設定。Syslogの出力をイメージしたもの。

json
　1行に1つのJSON形式のエントリが出力される（自動化用）。

以下のように-fオプションを使用すると、tail -fを使ったログの追跡と同様のことができます。

```
$ journalctl -f
```

これまでの情報をまとめて、組み合わせてみます。Linuxディストリビューションのセキュリティコン
ポーネントで、systemdによって管理されているAppArmor（https://www.apparmor.net）を再起動したい
と仮定します。つまり、あるターミナルでsystemctl restart apparmorを実行し、別のターミナルで以下
のコマンドを実行します（出力は一部省略）。

```
$ journalctl -f -u apparmor.service ❶
-- Logs begin at Sun 2021-01-24 14:36:30 GMT. --
Sep 26 17:10:02 starlite apparmor[13883]: All profile caches have been cleared,
                                          but no profiles have been unloaded.
Sep 26 17:10:02 starlite apparmor[13883]: Unloading profiles will leave already
                                          running processes permanently
...
Sep 26 17:10:02 starlite systemd[1]: Stopped AppArmor initialization.
Sep 26 17:10:02 starlite systemd[1]: Starting AppArmor initialization... ❷
Sep 26 17:10:02 starlite apparmor[13904]:  * Starting AppArmor profiles
Sep 26 17:10:03 starlite apparmor[13904]: Skipping profile in
                                /etc/apparmor.d/disable: usr.sbin.rsyslogd
```

```
Sep 26 17:10:09 starlite apparmor[13904]:     ...done.
Sep 26 17:10:09 starlite systemd[1]: Started AppArmor initialization.
```

❶ AppArmorサービスのログを追跡する。

❷ systemdがサービスを停止した後、ここで再び起動している。

これで、ログの節は終わりです。メトリクスの数値と、監視に移ります。

8.3　監視

監視とは、さまざまな理由からシステムやアプリケーションのメトリクスを収集することです。例えば、ある処理にどれくらい時間がかかる、プロセスのリソース消費の割合（パフォーマンスの監視）、または動作が不安定となったシステムのトラブルシューティングがあるかもしれません。監視では次の2つの手法がよく実行されます。

- 1つまたは複数のメトリクスを（時系列で）追跡する。
- ある条件に対してアラートを出す。

この節では、まず知っておくべき基礎知識とツールを説明し、さらに、特定の状況で必要となるテクニックを紹介します。

まずはuptimeコマンド（https://www.man7.org/linux/man-pages/man1/uptime.1.html）で、基本的なメトリクスであるシステムの稼働時間とロードアベレージを表示します。

```
$ uptime ❶
08:48:29 up 21 days, 20:59,  1 user,  load average: 0.76, 0.20, 0.09 ❷
```

❶ uptimeコマンドで、いくつかのメトリクスが表示される。

❷ カンマで区切られた出力は、システムの稼働時間、ログインしているユーザ数、load averageに続く値は、1分、5分、15分の平均のロードアベレージ（平均負荷）を示す。ロードアベレージとは、ランキューにあるジョブ（CPUが割り当たるのを待っているプロセス）やディスクI/O待ちのジョブの数である。数値は正規化されており、CPUがどのぐらいビジー状態だったかを示している。例えば、2つ目の5分間の平均負荷は0.2である（これだけではよくわからないので、他の値と比較し、長時間の追跡が必要となる）。

訳者補
0.2は5分間で全CPUの20％を使用していたことを示します。シングルCPUのマシンであった場合は、そのCPUの20％（1分間）使用しており4分間はアイドル状態だったということです。4CPUのマシンであれば、CPU 1つにつき5％使っていたことになります。ロードアベレージは20や50になることもあります。そのときは実行することが決まった多くのプロセスがランキューに積まれても、CPUが割り当てられずに待ち状態になっているプロセスが多い（つまりCPUが不足）かもしれないし、50でも正常に操作できるのであれば、ランキューよりも、割り込み禁止で待ち状態となっているプロセス、つまりI/O待ちプロセスが多い可能性があります。いずれにせよシステムにより正常な値が異なるので、一概に目安となる値はありません。

次に、freeコマンドでメモリ使用量を見ます（出力は一部省略）。

```
$ free -h ❶
             total   used   free  shared  buff/cache  available
Mem:         7.6G    1.3G   355M   395M      6.0G        5.6G ❷
Swap:        975M    1.2M   974M ❸
```

❶ サイズに合った単位でメモリ使用量を表示。

❷ メモリの統計。合計サイズ、使用サイズ、空きサイズ、共有メモリの使用サイズ、バッファとキャッシュの使用メモリサイズの合計（合計ではなくそれぞれの値は -w で確認できる）、そして使用可能なメモリサイズ[※3]。

❸ スワップの合計サイズ、使用量、空き容量。スワップディスク領域に移動された物理メモリサイズがわかる。

メモリの使用状況は、vmstat（short for virtual memory stats、https://linux.die.net/man/8/vmstat）コマンドでも確認できます。次の例では、情報の更新時間を指定して vmstat を実行します（出力は一部省略）。

```
$ vmstat 1 ❶
procs -----------memory--------- ---swap-- ----io---- -system- -----cpu-----
 r  b   swpd   free   buff  cache   si   so   bi   bo   in   cs us sy id wa st ❷
 4  0   1184 482116 682388 5447048   0    0   12  105   28  191  6  3 91  0  0
 0  0   1184 483444 682388 5446600   0    0    0    0  369  522  1  0 99  0  0
 0  0   1184 483696 682392 5446600   0    0    0  104  278  374  1  1 99  0  0
^C
```

❶ メモリの統計情報を表示する。引数1は、1秒ごとに更新情報を表示する。

❷ この行はカラムヘッダ。r は実行中または CPU を待っているプロセス数（CPU 数以下が理想）、free は空きメインメモリ（KB）、in は1秒あたりの割り込み回数、cs は1秒あたりのコンテキストスイッチ数、us から st はユーザ空間、カーネル、アイドルなどの合計 CPU 時間のパーセンテージを表示している。

ある操作にかかった時間を計測するには、time コマンドがあります。

```
$ time (ls -R /etc 2&> /dev/null) ❶

real    0m0.022s ❷
user    0m0.012s ❸
sys     0m0.007s ❹
```

❶ /etc サブディレクトリを再帰的に一覧表示するのにかかる時間を計測する（エラーも含めてすべての出力は 2&> /dev/null で破棄）。

❷ それに要した合計時間（実時間）を出力（パフォーマンス以外にはあまり意味がない）。

❸ ls コマンドがユーザ空間で消費した CPU 時間。

❹ ls コマンドがカーネル空間で何かをするのを待っていた時間。

先ほどの例では、ある処理にかかる正確な時間は、user と sys の合計が正確な値となり、その比率からプ

ロセスの実行において主に時間を要しているのがユーザ空間なのかカーネル空間なのかを判断できます。

次に、より具体的なトピックであるネットワークインタフェースとブロックデバイスに焦点を当てます。

8.3.1　I/Oデバイスとネットワークインタフェース

iostat（https://linux.die.net/man/1/iostat）を使うと、I/Oデバイスを監視できます（出力は一部省略）。

```
$ iostat -z --human ❶
Linux 5.4.0-81-generic (starlite)   09/26/21    _x86_64_      (4 CPU)

avg-cpu:  %user   %nice %system %iowait  %steal   %idle
          5.8%    0.0%    2.7%    0.1%    0.0%   91.4%

Device            tps    kB_read/s    kB_wrtn/s    kB_read   kB_wrtn
loop0            0.00         0.0k         0.0k      343.0k     0.0k
loop1            0.00         0.0k         0.0k        2.8M     0.0k
...
sda              0.38         1.4k        12.4k        2.5G    22.5G ❷
dm-0             0.72         1.3k        12.5k        2.4G    22.7G
...
loop12           0.00         0.0k         0.0k        1.5M     0.0k
```

❶ iostatでI/Oデバイスのメトリクスを表示している。-humanオプションで、出力に適切な単位が追加される。

❷ tpsはそのデバイスの1秒あたりの転送数（I/Oリクエスト）、readは読み込まれたデータ量、wrtnは書き込まれたデータ量。

　次は、ss（https://www.man7.org/linux/man-pages/man8/ss.8.html）コマンドでソケットの統計情報を出力します（「**7.2.4　ソケット**」も参照してください）。以下はオプションを設定して、TCPとUDPの両方のソケットと、そのソケットを使用しているプロセスIDも出力します（出力は一部省略）。

```
$ ss -atup ❶
Netid State   Recv-Q Send-Q  Local Address:Port       Peer Address:Port
udp   UNCONN  0      0              0.0.0.0:60360         0.0.0.0:*
...
udp   UNCONN  0      0              0.0.0.0:ipp           0.0.0.0:*
udp   UNCONN  0      0              0.0.0.0:789           0.0.0.0:*
udp   UNCONN  0      0          224.0.0.251:mdns          0.0.0.0:*
udp   UNCONN  0      0              0.0.0.0:mdns          0.0.0.0:*
udp   ESTAB   0      0       192.168.178.40:51008  74.125.193.113:443
...
tcp   LISTEN  0      128            0.0.0.0:sunrpc        0.0.0.0:*
tcp   LISTEN  0      128       127.0.0.53%lo:domain       0.0.0.0:*
tcp   LISTEN  0      5            127.0.0.1:ipp           0.0.0.0:*
tcp   LISTEN  0      4096         127.0.0.1:45313         0.0.0.0:*
tcp   ESTAB   0      0       192.168.178.40:57628  74.125.193.188:5228 ❷
tcp   LISTEN  0      128             [::]:sunrpc            [::]:*
tcp   LISTEN  0      5             [::1]:ipp              [::]:*
```

❶ -aで、すべて（つまり、リッスンしていないソケットも）のソケットを表示する。-tと-uはそれぞれTCPとUDPソケットを出力する。-pはそのソケットを使用しているプロセスを表示する。

❷ 使用中のソケットの例。ローカルのIPv4アドレス192.168.178.40とリモートの74.125.193.188で確立しているTCP接続で、受信（Recv-Q）と送信（Send-Q）のキューに入ったデータはゼロのためアイドル状態と思われる。

 昔からあるnetstat（https://oreil.ly/UBqge）でも、インタフェースの統計情報を表示できます。ssコマンドと同様にTCPとUDPソケットとプロセスIDの表示と、FQDNではなくIPアドレスで出力できます。定期的に更新するには、netstat -ctulpnを実行します。

lsof（https://oreil.ly/qDT67）は「list open files」の略で、多機能なツールです。以下の例では、ネットワーク接続の情報を出力しています（出力は一部省略）。

```
$ sudo lsof -i TCP:1-1024 ❶
COMMAND     PID         USER    FD   TYPE DEVICE SIZE/OFF NODE NAME
...
rpcbind   26901        root     8u  IPv4 615970      0t0  TCP *:sunrpc (LISTEN)
rpcbind   26901        root    11u  IPv6 615973      0t0  TCP *:sunrpc (LISTEN)
```

❶ 特権のTCPポート（ウェルノウンポート）の一覧を出力する（root権限が必要）。

プロセスのPID（ここではChrome）がわかっている場合、lsofでそのプロセスが使用しているファイルディスクリプタやI/Oなどを確認することができます（出力は一部省略）。

```
$ lsof -p 5299
COMMAND  PID USER   FD TYPE DEVICE    SIZE/OFF     NODE NAME
chrome  5299  mh9  cwd  DIR  253,0        4096  6291458 /home/mh9
chrome  5299  mh9  rtd  DIR  253,0        4096        2 /
chrome  5299  mh9  txt  REG  253,0   179093936  3673554 /opt/google/chrome/chrome
...
```

他には、多くの情報をカバーしておりスクリプトに適しているsar（https://linux.die.net/man/1/sar）やperf（https://perf.wiki.kernel.org/index.php/Main_Page）のようなパフォーマンス監視用のツールがあります。「8.4　高度なオブザーバビリティ」でいくつか説明します。

さて、個々のツールの次は、Linuxを対話的に監視する統合ツールに移りましょう。

8.3.2　統合パフォーマンス監視

前節で説明したlsofやvmstatなどのツールから使い始めるのは良い選択ですし、これらはスクリプトにも便利です。ただしより高度な監視には、統合されたソリューションの方がよいかもしれません。これらは通常、テキストユーザインタフェース（TUI）が付属しており、カラーで表示されたりもします。また以下の機能を提供します。

- 複数のリソースタイプ（CPU、RAM、I/O）をサポート。
- 対話的なソートとフィルタリング（プロセス、ユーザ、リソース別）。

- プロセスグループ、あるいはcgroupやnamespaceなど詳細へのライブアップデートやさらなる情報収集。

例えば、広く利用されているtop（https://linux.die.net/man/1/top）は、ヘッダに概要が表示され、uptimeコマンドと同じ情報が出力されます。CPUとメモリの詳細も表形式で出力され、追跡できるプロセスの一覧が続きます（出力は一部省略）。

```
top - 12:52:54 up 22 days, 1:04, 1 user, load average: 0.23, 0.26, 0.23 ❶
Tasks: 263 total,   1 running, 205 sleeping,   0 stopped,   0 zombie ❷
%Cpu(s):  0.2 us,  0.4 sy,  0.0 ni, 99.3 id,  0.0 wa,  0.0 hi,  0.0 si, \
  0.0 st% ❸
KiB Mem : 7975928 total,   363608 free,  1360348 used,  6251972 buff/cache
KiB Swap:  999420 total,   998236 free,     1184 used.  5914992 avail Mem

PID USER      PR  NI    VIRT    RES    SHR S  %CPU %MEM     TIME+ COMMAND ❹
  1 root      20   0  225776   9580   6712 S   0.0  0.1   0:25.84 systemd
...
433 root      20   0  105908   1928   1700 S   0.0  0.0   0:00.05 `- lvmetad
...
775 root      20   0   36552   4240   3880 S   0.0  0.1   0:00.16 `- bluetoothd
789 syslog    20   0  263040   4384   3616 S   0.0  0.1   0:01.98 `- rsyslogd
```

❶ システムの概要（uptimeと同等）

❷ タスクの統計

❸ CPU使用率の統計（ユーザ空間、カーネル空間など、vmstatと同等）

❹ プロセス単位の詳細を含む動的なプロセス一覧（ps auxと同等）

以下はtopで覚えておくと便利なキーです[4]。

?	ヘルプの一覧を表示する（キーマッピングを含む）。
V	プロセスのツリー表示を切り替える。
m	メモリ使用量でソートする[5]。
P	CPUの消費量でソートする。
k	シグナルを送る（killのようなもの）。
q	終了する。

topは多くの環境で利用可能ですが、以下のような類似ツールがあります。

htop（https://htop.dev/、**図8-3**）

　topの改良版で、topよりも高速で、改良されたユーザインタフェースを持っている。

atop（https://atoptool.nl/、**図8-4**）

　topのASCIIフルスクリーン版で、CPUやメモリに加えて、I/Oやネットワークなどのリソースもカバーする。カーネルモジュールnetatopをロードすると、プロセス/スレッドごとのネットワークアクティビティも表示できる。

※4　訳注：他に1を押すと、ヘッダの全CPUの表示が、各CPUごとの表示になります。
※5　訳注：訳者の環境ではMでした。

below（https://github.com/facebookincubator/below）

　比較的新しいツールで、特にcgroup v2（「6.6.2　cgroup」を参照）をサポートしているのが特徴[6]。他のツールはcgroupをサポートしていないので、システム全体のリソース参照しか提供しない。

図8-3　htopのスクリーンショット

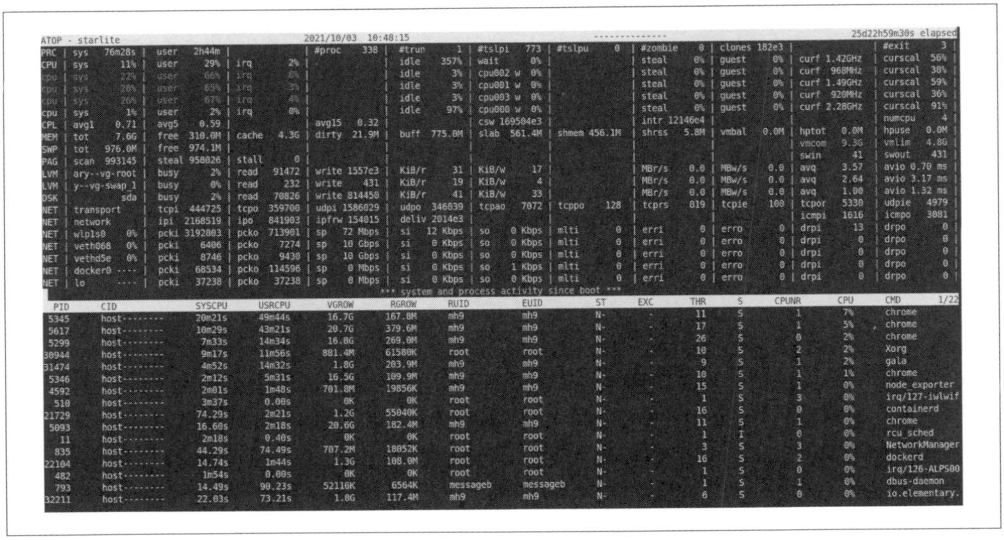

図8-4　atopのスクリーンショット

※6　訳注：belowはcgroup v1には対応していません。

この他にも、基本的なリソースから範囲を広げたツール、またはあるユースケースに特化した統合監視ツールが多数あります。それらのうちのいくつかを紹介します。

glances（https://nicolargo.github.io/glances/）
通常のリソースに加え、デバイスをカバーする強力なハイブリッドツール。

guider（https://github.com/iipeace/guider）
さまざまなメトリクスを表示し、グラフ化ができる統合されたパフォーマンスアナライザ。

neoss（https://github.com/PabloLec/neoss）
ネットワークトラフィック監視用。ssの進化版で、先進的なTUIを提供する。

mtr（https://www.bitwizard.nl/mtr/）
ネットワークトラフィック監視用。tracerouteの進化版（tracerouteの詳細については「**7.2.2.4 ルーティング**」を参照）。

さて、システムメトリクスを利用するためのツールの次は、自作ソフトウェアからメトリクスを公開する方法について確認します。

8.3.3　インスツルメンテーション

これまで、カーネルや既存のアプリケーション（自分で開発していないコード）から来るシグナルについてでした。ここで、ログと同様に、メトリクスを公開するコードの実装に移ります。

シグナル、特にメトリクスを発生させるコードを持つプロセスは、主にソフトウェアの開発時に関係します。このプロセスは通常、**インスツルメンテーション**と呼ばれ、2つの一般的な手法があります。**オートインスツルメンテーション**（開発者としてのコード追加が不要）と、**カスタムインスツルメンテーション**（コードのある地点でメトリクスを出力するようなコードスニペットを手動で挿入する）です。

Ruby（https://github.com/shopify/statsd-instrument）、Node.js（https://github.com/msiebuhr/node-statsd-client）、Python（https://python-statsd.readthedocs.io/en/latest/）、Go（https://github.com/atlassian/gostatsd）など多くのプログラミング言語におけるクライアント側ライブラリに、StatsD（https://github.com/statsd/statsd）があります。

StatsDは、特にKubernetesやIoTなど動的な環境によっては、いくつかの制限があります。そのような環境では、別の手法がよいでしょう。**プルベース**または**スクレイピング**と呼ばれるものです。スクレイピングでは、アプリケーションはメトリクスを公開し（通常はHTTPエンドポイントを介して）、エージェントはメトリクスを取得する側でアプリを構築するのではなく、このエンドポイントを呼び出して、メトリクスを取得します。このトピックについては、「**8.4.2　PrometheusとGrafana**」で再び取り上げます。

8.4　高度なオブザーバビリティ

Linuxのオブザーバビリティのより高度なトピックを見てみます。

8.4.1　トレースとプロファイリング

トレースという言葉には、さまざまな意味がありますが、Linuxでは、1台のマシンで、プロセスの実行（ユーザ空間の関数呼び出し、システムコールなど）を時系列に沿ってキャプチャすることです。

 Kubernetesのコンテナ型マイクロサービスや、サーバレスアプリの一部である（AWS Lambdaの）Lambda関数の集まりのような分散環境では、**分散トレーシング**（https://oreil.ly/tTjY9、例えばOpenTelemetryやJaeger）を**トレーシング**と略すことがありますが、これは本書の対象外となります。

1台のLinuxマシンには、多くのデータソースがあります。トレースの情報源として、以下のものが利用できます。

Linux カーネル
カーネル内の関数や、システムコールがトレースされる。例としては、カーネルプローブ（kprobe、https://www.kernel.org/doc/html/latest/trace/kprobes.html）やカーネルトレースポイント（tracepoint、https://www.kernel.org/doc/html/latest/trace/tracepoints.html）などがある。

ユーザ空間
例えばユーザ空間プローブ（uprobe、https://www.kernel.org/doc/html/latest/trace/uprobetracer.html）で、アプリケーションの関数呼び出しのトレースができる。

トレースの使用例としては、以下のようなものがあります。

- strace（https://strace.io）などを使ったプログラムのデバッグ
- perf（https://www.brendangregg.com/perf.html）を用いたフロントエンドでのパフォーマンス解析

 straceは便利なツールですが、無視できないほどのオーバヘッドがあります。これは特に本番環境で問題となります。背景を理解するには、Brendan Greggによる「strace Wow Much Syscall」（https://oreil.ly/eSLOT）を読んでみてください[7]。

sudo perf topは、カーネルなどのシンボルを、CPU使用率の順に出力します。出力例を**図8-5**に示します。

※7　訳注：straceの負荷を減らすには、-o /tmp/strace.logのようにディスクではなく、メモリ（tmpfs）にトレース結果を出力したり、例えば-e fileや-e networkでファイル関連、ネットワーク関連のシステムコールに限定する方法があります。

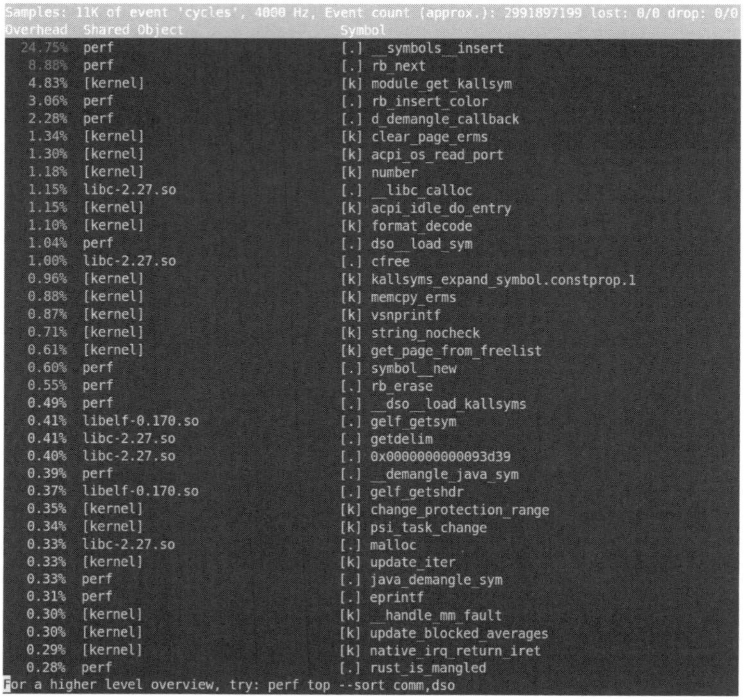

```
Samples: 11K of event 'cycles', 4000 Hz, Event count (approx.): 2991897199 lost: 0/0 drop: 0/0
Overhead  Shared Object                    Symbol
24.75%  perf                             [.] __symbols__insert
 8.88%  perf                             [.] rb_next
 4.83%  [kernel]                         [k] module_get_kallsym
 3.06%  perf                             [.] rb_insert_color
 2.28%  perf                             [.] d_demangle_callback
 1.34%  [kernel]                         [k] clear_page_erms
 1.30%  [kernel]                         [k] acpi_os_read_port
 1.18%  [kernel]                         [k] number
 1.15%  libc-2.27.so                     [.] __libc_calloc
 1.15%  [kernel]                         [k] acpi_idle_do_entry
 1.10%  [kernel]                         [k] format_decode
 1.04%  perf                             [.] dso__load_sym
 1.00%  libc-2.27.so                     [.] cfree
 0.96%  [kernel]                         [k] kallsyms_expand_symbol.constprop.1
 0.88%  [kernel]                         [k] memcpy_erms
 0.87%  [kernel]                         [k] vsnprintf
 0.71%  [kernel]                         [k] string_nocheck
 0.61%  [kernel]                         [k] get_page_from_freelist
 0.60%  perf                             [.] symbol__new
 0.55%  perf                             [.] rb_erase
 0.49%  perf                             [.] __dso__load_kallsyms
 0.41%  libelf-0.170.so                  [.] gelf_getsym
 0.41%  libc-2.27.so                     [.] getdelim
 0.40%  libc-2.27.so                     [.] 0x0000000000093d39
 0.39%  perf                             [.] __demangle_java_sym
 0.37%  libelf-0.170.so                  [.] gelf_getshdr
 0.35%  [kernel]                         [k] change_protection_range
 0.34%  [kernel]                         [k] psi_task_change
 0.33%  libc-2.27.so                     [.] malloc
 0.33%  [kernel]                         [k] update_iter
 0.33%  perf                             [.] java_demangle_sym
 0.31%  perf                             [.] eprintf
 0.30%  [kernel]                         [k] __handle_mm_fault
 0.30%  [kernel]                         [k] update_blocked_averages
 0.29%  [kernel]                         [k] native_irq_return_iret
 0.28%  perf                             [.] rust_is_mangled
For a higher level overview, try: perf top --sort comm,dso
```

図8-5　perf topのスクリーンショット

　今後は、eBPF（「2.4.2　モダンなカーネル拡張：eBPF」参照）が、特にカスタムのトレースのデファクトスタンダードになると思われます。eBPFには豊富なエコシステムがあり、ベンダのサポートも拡大しています。長期にわたり主流となるトレースを使いたいのであれば、eBPFがよいでしょう。

　トレースの特殊な使用例として、**プロファイリング**があります。これは頻繁に呼び出されるコードセクションを特定するために使います。プロファイリングに関するツールには、pprof（https://linux.die.net/man/1/pprof）、Valgrind（https://valgrind.org/）、flame graph visualizations（https://www.brendangregg.com/flamegraphs.html）などがあります。

　perfの出力を対話的に利用したり、トレースを可視化するオプションもたくさんあります。例えば、Mark Hansenのブログポスト「Linux perf Profiler UIs」（https://www.markhansen.co.nz/profiler-uis/）を参照してください。

　継続的なプロファイリングはプロファイリングの改良版で、長時間のトレース（カーネルとユーザ空間）を取得します。このようなタイムスタンプ付きのトレースを収集すると、プロットしたり、比較したり、特徴的なセグメントを深く知ることができます。非常に参考となる例として、eBPFベースのオープンソースプロジェクトparca（https://www.parca.dev）があります。スクリーンショットを**図8-6**に示します。

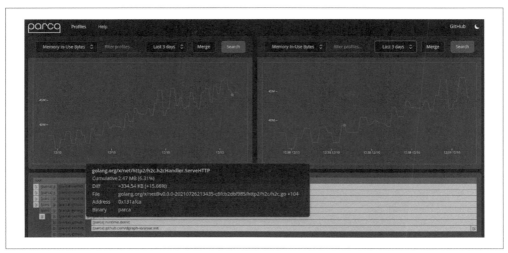

図8-6　継続的プロファイリングツールparcaのスクリーンショット

8.4.2　PrometheusとGrafana

　長時間のメトリクス（時系列データ）を扱っている場合、Prometheus（https://prometheus.io、プロメ
テウス）とGrafana（https://grafana.com、グラファナ）の組み合わせで、高度なオブザーバビリティが得
られます。

　Linuxマシンの状態をダッシュボード化したり、アラート化したりする手順を、シンプルな環境を例に説
明します。

　node exporter（https://github.com/prometheus/node_exporter）を使って、CPUからメモリ、ネッ
トワークまで、さまざまなシステムメトリクスを公開することにします。そして、Prometheusを使って
node exporterをスクレイピングしてみます。スクレイピングとは、PrometheusがHTTPエンドポイント
を呼ぶことで、OpenMetricsフォーマット（https://openmetrics.io）のメトリクスを取得することです。
今回使用するHTTPエンドポイントは、node exporterが<URLパス>/metricsで提供します。

　そのためには、PrometheusにHTTPエンドポイントのURLを設定する必要があります。Prometheusを
Grafanaのデータソースとして使用し、時系列データ（時系列でのメトリクス）をダッシュボードで確認し
たり、最終段階ではディスク容量の低下やCPUの高負荷などの条件でアラートを出すようにします。

　そこで、まず最初のステップとして、node exporterをダウンロード[8]して展開し、./node_exporter &
を実行します。

　そして、以下のコマンドで動作確認します（出力は一部省略）。

```
$ curl localhost:9100/metrics
...
# TYPE go_gc_duration_seconds summary
go_gc_duration_seconds{quantile="0"} 7.2575e-05
```

※8　訳注：https://prometheus.io/download/#node_exporterからダウンロードできます。

```
go_gc_duration_seconds{quantile="0.25"} 0.00011246
go_gc_duration_seconds{quantile="0.5"} 0.000227351
go_gc_duration_seconds{quantile="0.75"} 0.000336613
go_gc_duration_seconds{quantile="1"} 0.002659194
go_gc_duration_seconds_sum 0.126529838
go_gc_duration_seconds_count 390
...
```

　node exporterによるシグナルデータソースの設定ができたので、PrometheusとGrafanaの両方をコンテナで実行します。別途、Docker（「6.6.4　Docker」参照）のインストールと設定が必要です。

　以下の内容で、Prometheusの設定ファイルprometheus.ymlを作成します。

```
global:
  scrape_interval: 15s
  evaluation_interval: 15s
  external_labels:
      monitor: 'mymachine'
scrape_configs:
  - job_name: 'prometheus' ❶
    static_configs:
    - targets: ['localhost:9090']
  - job_name: 'machine' ❷
    static_configs:
    - targets: ['172.17.0.1:9100']
```

❶ Prometheus自体がメトリクスを公開しているため、Prometheusについての設定も書いておく（セルフモニタリング）。

❷ これが先ほど実行したnode exporter。Docker上でPrometheusを実行するので、localhostは使用できない。DockerでデフォルトのIPアドレスを使用する。

　先ほどのprometheus.yml使用して、以下のようにボリューム経由でコンテナにマウントします。

```
$ docker run --name prometheus \
      --rm -d -p 9090:9090 \ ❶
      -v /home/mh9/lml/o11y/prometheus.yml:/etc/prometheus/prometheus.yml \ ❷
      prom/prometheus:main
```

❶ --rmはDockerが終了時にコンテナを削除する。-dはデーモンとして実行する。-pはポート9090を公開する。

❷ 設定ファイルをボリュームとしてコンテナにマッピングする。/home/mh9/lml/o11y/は環境に合わせて書き換える。ただし、絶対パスである必要がある。ハードコードではなく、bashでは $PWD、fishでは（pwd）を使用する。

　PrometheusをDockerで実行した後、ブラウザでlocalhost:9090を開き、上部にあるstatusドロップダウンメニューからTargetsをクリックします。数秒後に**図8-7**のような画面が表示され、Prometheus自身とnode exporterからメトリクスを正常に取得していることを確認できます。

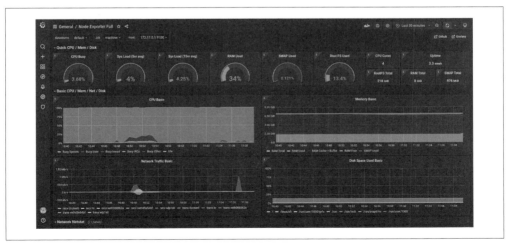

図8-7　ウェブUIにおけるPrometheusターゲットのスクリーンショット

次に、Grafanaを起動します。

```
$ docker run --name grafana \
        --rm -d -p 3000:3000 \
        grafana/grafana:8.0.3
```

GrafanaをDockerで実行した後、ブラウザで`localhost:3000`を開き、ユーザ名とパスワードを`admin`でログインします。次に、2つの作業をします。

1. Prometheusデータソース（https://grafana.com/docs/grafana/latest/datasources/prometheus/）をGrafanaに追加する。URLは`172.17.0.1:9090`にする。

2. Node Exporter Fullダッシュボード（https://grafana.com/grafana/dashboards/1860-node-exporter-full/）をインポートする[9]。

これができたら、**図8-8**のようなものが表示されます。

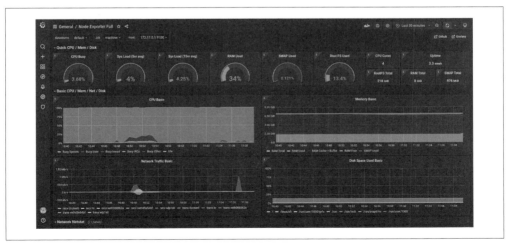

図8-8　Node Exporter FullダッシュボードのGrafana UIスクリーンショット

※9　訳注：Create -> ImportでIDの入力、またはJSONファイルをアップロードします。

　これが、モダンなツールを使ったLinuxの高度な監視機能です。Prometheus/Grafanaの構成は複雑ですが、その分、多くの機能があることを考えると、大規模なシステムで使用することになると思います。言い換えれば、小規模な構成やシンプルな構成では、この節で紹介したLinuxネイティブのツールが選択されるでしょう。しかし、ホームオートメーションやメディアサーバなどの高度なユースケースでは、Prometheus/Grafanaが非常に役に立ちます。

8.5　まとめ

　この章では、Linuxシステムで問題に遭遇したときに、リソースの可視化について説明しました。診断に使用する主なシグナルは、ログ（テキスト）とメトリクス（数値）です。高度なケースでは、プロファイリング技術を適用して、プロセスのリソース使用量を実行コンテキスト（実行されているソースファイルとソースコードの行）とともに確認します。

　このトピックをより深く知るには、以下のリソースを参照してください。

基本的なこと

- Brendan Gregg、*Systems Performance: Enterprise and the Cloud*, second edition（https://oreil.ly/sxtPd、Addison-Wesley、2021）、邦題『詳解システム・パフォーマンス 第2版』（オライリー・ジャパン、2023）
- 「Linux Performance Analysis in 60,000 Milliseconds」（https://oreil.ly/YVxJt）

ログ

- 「Linux Logging Complete Guide」（https://oreil.ly/fMNT7）
- 「Unix/Linux—System Logging」（https://oreil.ly/hnMGz）
- ArchWikiのページ「syslog-ng」（https://wiki.archlinux.org/title/Syslog-ng）
- fluentdのウェブサイト（https://www.fluentd.org/）

監視

- 「80+ Linux Monitoring Tools for SysAdmins」（https://oreil.ly/C4ZJX）
- 「Monitoring StatsD: Metric Types, Format and Code Examples」（https://oreil.ly/JaUEK）

高度なトピック

- 「Linux Performance」（https://www.brendangregg.com/linuxperf.html）
- 「Linux Tracing Systems & How They Fit Together」（https://oreil.ly/SuGPM）
- 「Profilerpedia: A Map of the Software Profiling Ecosystem」（https://oreil.ly/Sk0zL）
- 「On the State of Continuous Profiling」（https://oreil.ly/wHLqr）
- eBPFウェブサイト（https://ebpf.io/）
- 「Monitoring Linux Host Metrics with the Node Exporter」（https://oreil.ly/5fA6z）

　ここまでの章を終えて、カーネルからシェル、ファイルシステム、ネットワークまで、Linuxの基本を知ることができたと思います。また日常的な作業で必要なことは、ここまでに網羅できていると思います。8章までに収まりきらなかった高度なトピックを、最後の9章に集めました。

9章
高度なトピック

この最終章はさまざまなトピックを集めたものです。仮想マシンからセキュリティ、Linuxの新しい使い方に至るまで、さまざまなものを取り上げます。これらのトピックのほとんどは、誰にでも必要というわけではなかったり、業務システムにおいてのみ必要だったりします。

この章ではまず、1台のマシン上のプロセスがどのように通信し、データを共有することができるかを説明します。プロセス間通信（IPC）の仕組みは豊富にありますが、ここではよく使われるシグナルと名前付きパイプ、そしてUnixドメインソケットに焦点を当てます。

続いて、仮想マシン（VM）に注目します。VMは「6.6　コンテナ」で説明したコンテナ（アプリケーションレベルのワークロードの分離に適している）よりもワークロードを強く分離できます。VMはパブリッククラウドや一般的なデータセンターで最もよく目にします。テストや分散システムのシミュレーションという用途ではローカル環境上でもVMは有用です。

VMの次は、モダンなLinuxディストリビューションに焦点を当てます。これらは通常、コンテナ中心で、不変性があるとしています。Kubernetesのような分散システムで、これらのディストリビューションを見かけることも多いでしょう。

その後、広く使われている認証スイートであるKerberosと、Linuxが提供する認証のための拡張メカニズムであるPAM (pluggable authentication modules)を取り上げ、セキュリティに関するトピックを厳選して紹介します。

この章の最後に、この原稿を書いている時点ではまだ主流とは言えないLinuxのソリューションと使用例を検討します。興味があればさらに調べてみるとよいでしょう。

9.1　プロセス間通信

Linuxにはプロセス間通信（IPC、https://oreil.ly/tWp40）をする方法が、パイプからソケット、共有メモリまで、たくさんあります。IPCは、プロセスが通信し、それぞれの処理を同期し、データを共有するためにあります。例えばDockerデーモン（https://oreil.ly/aZur8）は、ソケットを使ってコンテナを管理します。この節では、いくつかの一般的なIPCと、その使用例について説明します。

9.1.1　シグナル

もともと**シグナル**（https://oreil.ly/0y6ru）はユーザ空間のプロセスにカーネルがイベントを通知する方法として開発されました。シグナルは、プロセスに送られる非同期通知だと考えてください。多くのシグナルがあり（詳しくはman 7 signalコマンドを参照）、そのほとんどにプロセスの停止や終了などのデフォルトの挙動があります。

ほとんどのシグナルは、Linuxにデフォルトのアクションを実行させるのではなく、カスタムハンドラを定義できます。これは、例えば、シグナルの受信時にクリーンアップ作業をしたい場合や、シグナルを無視したい場合に便利です。**表9-1**に、最も一般的なシグナルを列挙します。

表9-1　一般的なシグナル

シグナル	意味	デフォルトの動作	カスタムハンドラの設定可否	bash上でフォアグラウンドジョブにシグナルを送るキーの組み合わせ
SIGHUP	プロセスに関連付けられたターミナルが閉じられたことを示す。ターミナルを持たないデーモンプロセスは慣用的に設定ファイルを再読み込みする用途にこのシグナルを使う	プロセスを終了させる	可。nohupコマンド経由でコマンドを実行するとSIGHUPシグナルを無視した状態で起動できる	なし
SIGINT	キーボードからプロセスへ割り込む	プロセスを終了させる	可	Ctrl + C
SIGQUIT	キーボードからプロセスを終了させる	コアダンプを出力した上でプロセスを終了させる	可	Ctrl + \
SIGKILL	強制終了	プロセスを終了させる	不可	なし
SIGSTOP	プロセスを停止させる	プロセスを停止させる	不可	なし
SIGTSTP	キーボードからプロセスを停止させる	プロセスを停止させる	可	Ctrl + Z
SIGTERM	終了	プロセスを終了させる	可	なし

意味が定義されていないシグナル（SIGUSR1とSIGUSR2）もあります。2つのプロセスがこれらのシグナルを使って非同期通信を実現することもできます。

プロセスにシグナルを送る典型的な方法の1つは、killという、やや奇妙な名前が付いたコマンドです。このコマンドは、多くのシグナルがデフォルトでプロセスを終了させることによります。

```
$ while true ; do sleep 1 ; done & ❶
[1] 17030 ❷

$ ps ❸
  PID TTY          TIME CMD
16939 pts/2    00:00:00 bash
17030 pts/2    00:00:00 bash ❹
17041 pts/2    00:00:00 sleep
17045 pts/2    00:00:00 ps
```

```
$ kill 17030 ❺
[1]+  Terminated              while true; do
    sleep 1;
done
```

❶ スリープを繰り返すだけの非常にシンプルなプログラムをバックグラウンドで実行する。

❷ 上記のプログラムのPIDは17030であり、かつ、ジョブIDが1であるバックグラウンドジョブになった。

❸ psを使用して、プログラムが実行中であることを確認する。

❹ この行が実行したプログラムに該当する。

❺ デフォルトではkillはSIGTERMをプロセスに送信し、プロセスを終了させる。killにPID (17030) を指定すると、カスタムハンドラが登録されていないので、プロセスは終了する。

シェル、あるいはシェルスクリプトからtrapコマンドを使うとシグナルハンドラを設定できます。

```
$ trap "echo kthxbye" SIGINT ; while true ; do sleep 1 ; done ❶
^Ckthxbye ❷
```

❶ trap "echo kthxbye" SIGINTでSIGINTに対するカスタムハンドラを登録する。これによって、ユーザがCtrl + Cを押してこのプログラムにSIGINTシグナルが送られたとき、Linuxはデフォルトアクション（終了）の前にecho kthxbyeを実行する。

❷ ユーザの割り込み（^CはCtrl + Cを意味する）とカスタムハンドラが実行され、想定通りkthxbyeと表示される。

シグナルはシンプルで強力なIPCメカニズムです。これで、Linuxでシグナルを送信、および処理する方法の基本がわかりました。次は、より精巧で強力な2つのIPCメカニズム、名前付きパイプとUNIXドメインソケットについて説明します。

9.1.2　名前付きパイプ

「3.1.2.1　ストリーム」では、あるプロセスのstdoutと別のプロセスのstdinの接続によって、あるプロセスから別のプロセスにデータを渡すパイプ（|）機能について説明しました。私たちはこれらのパイプを**無名パイプ**と呼んでいます。その一方で、ユーザが名前を付けられるパイプのことを**名前付きパイプ**（https://oreil.ly/iHMrK）と呼びます。

無名パイプと同様に、名前付きパイプは通常のファイルのようにopen、writeなどによって操作し、データは先入れ先出し（FIFO）形式で配送します。無名パイプとは異なり、名前付きパイプの寿命は、パイプを使用するプロセスの寿命とは異なります。技術的には名前付きパイプは無名パイプのラッパーであり、pipefs擬似ファイルシステム（「5.3　擬似ファイルシステム」を参照）を使って実現しています。

名前付きパイプで何ができるかを理解するために実際に使ってみましょう。以下ではexamplepipeという名前のパイプと、書き込み用プロセスと読み込み用プロセスを1つずつ作ります。

```
$ mkfifo examplepipe ❶

$ ls -l examplepipe
```

```
prw-rw-r-- 1 mh9 mh9 0 Oct  2 14:04 examplepipe ❷

$ while true ; do echo "x" > examplepipe ; sleep 5 ; done & ❸
[1] 19628
$ while true ; do cat < examplepipe ; sleep 5 ; done & ❹
[2] 19636
x ❺
x
...
```

❶ examplepipeという名前のパイプを作る。
❷ lsによってパイプのファイルタイプがわかる。最初の文字pが、このファイルが名前付きパイプであることを示す。
❸ 文字xをパイプに書き込む処理を繰り返す。他のプロセスがexamplepipeファイルからデータを読み出すまで、データを書き込んだプロセスはブロックされる。
❹ 2つ目のプロセスを起動し、パイプからデータを読み出して、スリープするという処理を繰り返す。
❺ およそ5秒ごとに、つまりPID 19636のプロセスがcatで指定されたパイプからデータを読み出すたびに、xがターミナルに表示される。

　名前付きパイプは使い勝手が良く、ファイルとして表現されているという設計のおかげで、見た目も普通のファイルのように感じられます。しかし、単方向のデータ通信しかできません。次に紹介するIPCメカニズムは、この制限を解決するものです。

9.1.3　UNIXドメインソケット

　「**7章　ネットワーク**」でソケットについてすでに触れました。それとは別に、1台のマシン上でだけ動作するソケットもあります。そのうちの1つがUNIXドメインソケットです。UNIXドメインソケットは双方向通信ができます。
　ドメインソケットには3種類あります。1つ目はストリーム（SOCK_STREAM）、2つ目はデータグラム（SOCK_DGRAM）、そして3つ目はシーケンスパケット（SOCK_SEQPACKET）です。ソケットのアドレスは、IPアドレスやポート番号ではなくファイルパスによって指定します。
　通常、ドメインソケットはコマンドラインから直接使うことはせず、プログラムから使用します。しかし、システムのトラブルシューティングをしたい場合は、例えばsocatコマンドを使ってコマンドラインからソケットと通信することになるかもしれません。

9.2　仮想マシン

　この節では、ラップトップやデータセンター内のサーバなどの物理マシン上で複数の仮想マシンを実行する技術について説明します。これにより、コンテナよりも異なるテナントのワークロードを強力に分離できます。ここでは、x86アーキテクチャのハードウェアと協調することによって実現する仮想化について説明します。
　図9-1では、仮想マシンのアーキテクチャを概念的に表現したもので、以下のような構成になっています（下から順に説明します）。

CPU

ハードウェア仮想化をサポートしている必要がある。

KVM（Kernel-based virtual machine）

Linuxカーネルに含まれ、「9.2.1 KVM」で説明する。

ユーザ空間の構成要素

ユーザ空間の構成要素には、以下のものがある。

仮想マシンモニタ（VMM）

VMを管理し、仮想デバイスをエミュレートするQEMU（https://www.qemu.org）やFirecracker（「9.2.2 Firecracker」参照）のようなソフトウェア。libvirtというVMMの標準化を目指した汎用APIを公開するライブラリがあり、これらのQEMUなどを操作するプログラムから利用できる（図には明示されていないが、VMMブロックの一部と考えてほしい）。

ゲストカーネル

仮想マシン上で動作するカーネル。通常はLinuxカーネルだが、Windowsでもかまわない。

ゲストプロセス

ゲストカーネル上で実行するプロセス。

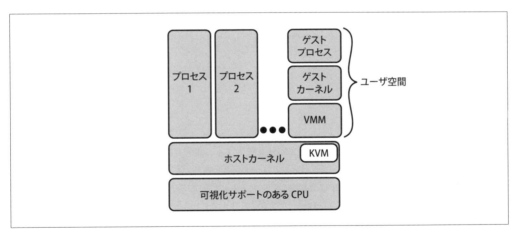

図9-1 仮想マシンのアーキテクチャ

ホストカーネル上でネイティブに動作するプロセス（**図9-1**ではプロセス1とプロセス2）は、ゲストプロセスから分離されています。これは、一般的にホストの物理的なCPUとメモリがゲストからは認識できないことを意味しています。例えば悪意あるユーザにVMが攻撃されたとしても、ほとんどの場合はホストカーネルとホストカーネル上で動作するプロセスは影響を受けません。ただし、ホストシステムに対する特別なアクセスができるように設定されたVMである場合、あるいはrowhammer（https://oreil.ly/L7qH9）やMeltdown、Spectre（https://oreil.ly/ZlgRE）のようなセキュリティ攻撃を受けた場合は例外です。

9.2.1 KVM

KVM（Kernel-based Virtual Machine、https://oreil.ly/vTINW）は、AMD-V（https://oreil.ly/XXAM8）

や Intel VT（https://oreil.ly/SAbNc）などのハードウェア仮想化用の拡張命令セットをサポートするCPU
用の、Linux ネイティブの仮想化ソリューションです。

　KVM カーネルモジュールには、コアモジュール（kvm.ko）とCPUアーキテクチャ固有のモジュール
（kvm-intel.ko や kvm-amd.ko）という2つの種類があります。KVM では、Linux カーネルがハイパーバイ
ザーとなり、大変な作業のほとんどを引き受けます。さらに、カーネル内に統合された Virtio（https://
oreil.ly/g37Qe）のようなドライバによって仮想化環境における I/O の高速化を実現しています。

　現在、一般的なハードウェアは仮想化に対応しており、KVM もすでに利用可能ですが、使用するシステ
ムが KVM を利用できるかどうかを確認するためには、以下のようなチェックが必要です（出力は編集して
います）。

```
$ grep 'svm\|vmx' /proc/cpuinfo ❶
flags           : fpu vme de pse tsc msr pae mce cx8 apic sep mtrr pge mca cmov
pat pse36 clflush dts acpi mmx fxsr sse sse2 ss ht tm pbe syscall nx pdpe1gb
rdtscp lm constant_tsc art arch_perfmon pebs bts rep_good nopl xtopology
tsc_reliable nonstop_tsc cpuid aperfmperf tsc_known_freq pni pclmulqdq dtes64
ds_cpl vmx tm2 ssse3 sdbg cx16 xtpr pdcm sse4_1 sse4_2 x2apic movbe popcnt ❷
tsc_deadline_timer aes xsave rdrand lahf_lm 3dnowprefetch cpuid_fault cat_l2
ibrs ibpb stibp tpr_shadow vnmi flexpriority ept vpid ept_ad fsgsbase tsc_adjust
smep erms mpx rdt_a rdseed smap clflushopt intel_pt sha_ni xsaveopt xsavec
xgetbv1 xsaves dtherm ida arat pln pts md_clear arch_capabilities
...

$ lsmod | grep kvm ❸

kvm_intel          253952   0 ❹
kvm                659456   1 kvm_intel
```

❶ CPUの情報から svm または vmx という文字列を検索する（論理CPUの数だけ同じような情報を出力
　するため、8コアある場合は、この flags ブロックが8回繰り返されることに注意）。

❷ vmx が表示されているので、CPU は KVM をサポートしていることがわかる。

❸ KVM カーネルモジュールが利用可能であるかを確認する。

❹ kvm_intel カーネルモジュールがロードされていることを示している。このため、KVM を使える。

　KVM を利用するモダンな方法として、Firecracker があります。

9.2.2　Firecracker

　Firecracker（https://oreil.ly/UpNPK）は、KVM を使って作成した仮想マシンを管理するための VMM
です。Rust で書かれており、主に AWS Lambda や AWS Fargate などのサーバレス機能向けに Amazon Web
Services（AWS）によって開発されました。

　Firecracker は、同じ物理マシン上でマルチテナントのワークロードを安全に実行できるように設計され
ています（https://oreil.ly/6D8Wk）。Firecracker VMM は、いわゆる microVM を管理し、ホストに対し
て HTTP API を公開し、ホストはこの API 経由で microVM の起動、状態の問い合わせ、停止などができま
す。ネットワークはホスト上の TUN/TAP デバイスによってエミュレートしています。ブロックデバイス

はホスト上のファイルにマップされており、かつ、Virtioデバイスを介してアクセスできます。

　セキュリティの観点から、Firecrackerはデフォルトでseccompフィルタ（「4.4.2　seccompプロファイル」を参照）によって、使用できるシステムコールを制限しています。オブザーバビリティの観点でいうと、Firecrackerは名前付きパイプを介してログやメトリクスを収集できます。

　続いて、不変性を重視し、コンテナを活用したモダンなLinuxディストリビューションの説明を行います。

9.3　モダンなLinuxディストリビューション

最も著名な従来のLinuxディストリビューションには次のようなものがあります。

- Red Hat系（RHEL、Fedora、CentOS/Rocky）
- Debian系（Ubuntu、Mint、Kali、Parrot OS、elementary OSなど）
- SUSE系（openSUSE、SLES）
- Gentoo
- Arch Linux

　これらはすべて優れたディストリビューションです。自分のニーズと好みに応じて、インストールからアップデートまでのすべてを自分で制御することもできますし、ディストリビューションにほとんどのタスクを任せることもできます。

　コンテナの台頭により、「6.6　コンテナ」で説明したように、ホストOSの役割は変化しています。コンテナでは、従来のパッケージマネージャ（「6.5　パッケージとパッケージマネージャ」参照）は、これまでとは異なる役割を果たします。ほとんどのコンテナのベースイメージは特定のLinuxディストリビューションから構築される傾向にあります。コンテナ内のアプリケーションを含む依存関係はコンテナ内で.debや.rpmパッケージを使って解決され、これらをパッケージ化したものがコンテナイメージになります。

　システムに段階的な変更を加えることは大変です。これは、多くのマシンを管理する場合に特にあてはまります。ですから、モダンなディストリビューションでは不変性に特に焦点を当てているものがあります。この考え方は、セキュリティ問題の修正や新機能追加などによって設定やコードに変更があった場合、既存の設定を上書きするのではなく、コンテナイメージに変更を施して再作成するというものです。

　本書で「モダンなLinuxディストリビューション」と書くとき、それは不変性と、ChromeOSの登場をきっかけに広く使われるようになった自動アップグレード機構を前面に押し出したコンテナベースのディストリビューションのことを意味します。それでは、モダンなディストリビューションの例をいくつか見てみましょう。

9.3.1　Red Hat Enterprise Linux CoreOS

　2013年、CoreOSという若いスタートアップ企業がCoreOS Linux（後にContainer Linuxと改名、https://oreil.ly/XjqPV）を公開しました。主な特徴は2つあり、1つ目は.debパッケージなどを使ったパッケージマネージャがないことです。2つ目は、システムをアップデートする際に個々のソフトウェアを1つずつアップデートするのではなく、すべてを一気に入れ替えることでした。これを実現するためにCoreOS

にはrootパーティションが2つあります。ある瞬間には1つだけが実行中で、アップデート時にはもう1つにアップデートを施したソフトウェアを配置し、その後にrootパーティションを入れ替えます。つまり、すべてのアプリがコンテナとしてネイティブに動作するのです。これらの機能を実現するために、設定を分散システムとして管理するetcdのようなツールが開発されました。

　Red HatはCoreOS社を買収した後、CoreOS LinuxをRed Hat自身のProject Atomic（Core OSと同様の目標を掲げていた）と合併させる方針を発表しました。これにより、2つのOSはRed Hat Enterprise Linux CoreOS（RHCOS）に統合されました。このOSは単体での使用ではなく、OpenShift Container Platformという Red HatのKubernetesディストリビューションの中で使用されることを想定しているようです。

9.3.2　Flatcar Container Linux

　Red HatがContainer Linux周りの計画を発表した少し後に、Kinvolk GmbHというドイツのスタートアップ企業（現在はMicrosoft傘下）が、Container LinuxをフォークしてFlatcar Container Linux（https://oreil.ly/rNJrt）と新たに名づけられたディストリビューションを作り、開発を継続すると発表しました。

　FlatcarのユースケースはKubernetesやIoT/エッジコンピューティングなどのコンテナオーケストレーターであり、コンテナネイティブで軽量なOSであると主張しています。CoreOSの伝統である自動アップグレードはFlatcar独自のアップデートマネージャ Nebraska（https://oreil.ly/Qepv6）に継承されています。OSのプロビジョニングには強力かつシンプルに使えるIgnition（https://oreil.ly/4vEQv）というツールを使い、ブート時にマシン上のディスクを細かく設定できます（RHCOSもこの目的でIgnitionを使っています）。さらに、パッケージマネージャは存在せず、すべての処理がコンテナで実行されます。コンテナ化されたアプリケーションのライフサイクルは、単一のマシン上ではsystemctlによって制御できますが、一般的にはアプリケーションのライフサイクル管理にはKubernetesを使います。

9.3.3　Bottlerocket

　Bottlerocket（https://oreil.ly/fIKrQ）はAWSによって開発されたLinuxベースのOSで、コンテナ（https://oreil.ly/5Eaxd）のホスティングを目的としています。Rustで書かれており、Amazon EKSやAmazon ECSなど、AWSが提供する多くの製品で使用されています。

　FlatcarやCoreOSと同様に、Bottlerocketはパッケージマネージャを使っていません。その代わりに、OCIイメージ（Dockerコンテナと同様に考えてかまわない）の単位でアプリケーションをアップグレードおよびロールバックします。Bottlerocketはdm-verityをベースにした読み取り専用かつデータの完全性がチェックされるファイルシステムを使っています。Bottlerocketにアクセスして制御するために、いわゆるcontrol container（https://oreil.ly/KB6eX）をSSH経由で別のcontainerdインスタンスで実行できますが、control containerの使用は推奨されていません。

9.3.4　RancherOS

　RancherOS（https://oreil.ly/73UxM）は、すべてがDockerによって管理されるコンテナであるLinuxディストリビューションです。Rancher Labs（現在はSUSEに買収されている）がスポンサーとなっており、同社のKubernetesディストリビューションと同様にコンテナワークロードに最適化されています。最

初のプロセスとして実行されるシステムDockerと、アプリケーションコンテナを作成するためのユーザ
Dockerという、2つのDockerインスタンスを実行します。RancherOSはメモリをあまり使用しないので、
組み込みシステムやエッジコンピューティングで使うのに最適です。

9.4　**セキュリティに関するトピック**

「**4章　アクセス制御**」では、多くのアクセス制御機構について説明しました。ユーザの身元を確認
する**認証**（「authentication」、略して「authn」）について説明しましたが、これはあらゆる種類の**認可**
（「authorization」、略して「authz」）の前提条件となるものです。この節では、広く使われている2つの認
証方式について簡単に説明します。

9.4.1　Kerberos

Kerberos（https://kerberos.org）は、1980年代にマサチューセッツ工科大学が開発した認証方式です。
現在では、RFC 4120（https://oreil.ly/7woDK）および関連するIETFのドキュメントで正式に規定されて
います。Kerberosの中核となる考え方は、我々は通常安全でないネットワークを扱っているが、クライア
ントとサービスが互いに身元を証明するための安全な方法を求めているということです。

概念的には、**図9-2**に示すKerberosの認証処理は、次のように動作します。

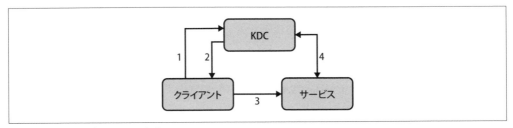

図9-2　Kerberosプロトコルの概念

1. クライアント（例えば、ラップトップ上のプログラム）は、鍵配布センター（Key Distribution
   Center：KDC）と呼ばれるKerberosコンポーネントにリクエストを送り、印刷やディレクトリな
   どの所定のサービスに対するクレデンシャルを要求する。
2. KDCは要求されたクレデンシャル、つまりサービスのチケットと一時的な暗号化キー（セッショ
   ンキー）で応答する。
3. クライアントは、チケット（クライアントのIDとセッションキーのコピーを含む）をサービスに
   送信する。
4. クライアントとサービスが共有するセッションキーは、クライアントを認証するために使い、か
   つ、サービスの認証にも使える。

Kerberosには、この認証方式の中心的な役割を果たすKDCが単一障害点となることや、時間要件が厳
しい（NTPによるクライアントとサーバ間のクロック同期が必要）などの課題もあります。全体として
Kerberosは運用や管理が簡単ではありませんが、企業やクラウドプロバイダで広く使われており、かつ、

サポートされています。

9.4.2　PAM

　歴史的に、ユーザ認証処理はプログラムが自ら管理するものでした。PAM（Pluggable Authentication Modules、http://www.linux-pam.org）によって、具体的な認証スキームに依存しないプログラムを開発する柔軟な方法がLinuxに登場しました（PAMは1990年代末からUNIXエコシステムでは存在していました）。PAMはモジュール式のアーキテクチャを採用しており、開発者に強力なインタフェースのライブラリを提供しています。また、システム管理者が以下のような異なるモジュールをプラグインすることも可能です。

pam_localuser（https://oreil.ly/NCs0A）
　　ユーザが/etc/passwdに登録されている必要がある。

pam_keyinit（https://oreil.ly/PkGt9）
　　セッションキーリング

pam_krb5（https://oreil.ly/YinOv）
　　Kerberos 5のパスワードベースのチェック

　ここで高度なセキュリティのトピックは終了し、次はより先進的なトピックに移りたいと思います。

9.5　その他のモダンLinuxの話、あるいは将来の話

　この節では、Linuxの新しい設定方法や、Linuxを新しい環境に適用する面白い方法について見ていきます。サーバの世界ではオンプレミスのデータセンターであれ、パブリッククラウドであれ、Linuxはすでにデファクトスタンダードであり、多くのモバイル機器でもLinuxが使われています。

　この節のトピックに共通しているのは、執筆時点ではまだ主流になっていないことです。しかし、今後の展開がどうなるのか、Linuxの適用範囲がどこに広がる可能性があるかについて気になる方は、ぜひ読んでください。

9.5.1　NixOS

　NixOSはソースベースのLinuxのディストリビューションで、パッケージ管理やシステム構成、アップグレード時のロールバックなどにおいて関数型のアプローチを取っています。この考え方は不変性に基づいているため、私はこれを「関数型アプローチ」と呼んでいます。

　Nixパッケージマネージャは、カーネルからシステムパッケージ、アプリケーションに至るまで、OS全体を構築します。Nixはマルチユーザのパッケージ管理を提供し、同じパッケージの複数のバージョンをインストールできます。

　他の多くのLinuxディストリビューションとは異なり、NixOSは「**5.2.3　一般的なファイルシステムレイアウト**」で説明されているようなLinux Standard Baseファイルシステムのレイアウトには従っていません（このレイアウトに従うと、通常システムプログラムは/usr/bin, /usr/libなどにあり、設定は/etcにある）。

　NixOSとそのエコシステムには多くの興味深いアイデアがあり、特にCIパイプラインに関連しています。

すべてをNixOSに移行しなくても、例えばNixパッケージマネージャをスタンドアローン（NixOSの外）で使うこともできます。

9.5.2　デスクトップ版Linux

長年デスクトップ用途にLinuxを使うことについて議論されてきましたが、デスクトップに適したディストリビューションと、それに付随するウィンドウマネージャに多くの選択肢があることは間違いないでしょう。

UNIXには、グラフィカルユーザインタフェース（GUI）の部分はOSの他の部分から分離されているという良い伝統があります。通常、Xウィンドウマネージャがディスプレイマネージャの助けを借りてGUIの責任（ウィンドウ管理からスタイルやレンダリングまで）を果たします。

ウィンドウマネージャの上に、アイコン、ウィジェット、ツールバーなどを備えたKDEやMATEなどのデスクトップ環境があります。

最近は初心者向けのデスクトップLinuxディストリビューションが多く、WindowsやmacOSからの乗り換えが簡単にできます。アプリケーションについてもそれはあてはまり、LibreOfficeなどのオフィススイート（文書を書いたり、スプレッドシートを操作したりする）から、画を描いたり編集したりするGimpなど、さまざまなものがあります。他にも主要なWebブラウザ、ゲーム、メディアプレイヤー、ユーティリティ、開発環境など、さまざまなオープンソースのアプリケーションがあります。

デスクトップにLinuxを導入するきっかけは、実は意外なところからやってくるかもしれません。Windows 11ではWSL（Windows Subsystem for Linux）を用いてLinuxのグラフィカルなアプリケーションを実行できるので、これが移行の動機になるかもしれません。

9.5.3　組み込みシステムにおけるLinux

組み込み分野では、Linuxは、自動車からネットワークデバイス（ルータなど）、スマートホーム機器（冷蔵庫など）、メディア機器／スマートテレビまで、広く使われています。

特に興味深い汎用プラットフォームとして、安価で手に入るRaspberry Pi（RPI）があります。RPIにはDebianベースのRaspberry Pi OSと呼ばれる独自のLinuxディストリビューションが付属しています。microSDカード経由で簡単にこのディストリビューションや他のLinuxディストリビューションをインストールできます。RPIにはGPIO（General Purpose Input/Outputs）が多数搭載されており、ブレッドボードを介して外部のセンサーや回路を簡単に使えます。また、電子工作の実験や学習、Pythonなどによるハードウェアのプログラミングも可能です。

9.5.4　クラウドIDEにおけるLinux

近年、クラウドベースの開発環境の実現性は大きく進歩し、現在ではLinux環境でIDE（通常はVisual Studio Code）、Git、さまざまなプログラミング言語を組み合わせた商用製品が提供されるまでになりました。開発者に必要なのはウェブブラウザとネットワークアクセスだけで、「クラウド上で」コードを編集し、テストし、実行することができるのです。

この記事の執筆時点でのクラウドIDEの代表的な例を2つ紹介します。1つ目はGitpod（https://www.gitpod.io）です。Gitpodはマネージドサービスとしても提供されていますし、オープンソースとして公開

されているため、Gitpodを自分自身がホストすることもできます。もう1つはGitHubに深く統合されているCodespaces（https://oreil.ly/bWNDT）です。

9.6　まとめ

　この章では、高度なトピックを取り上げ、これまでに学んだ基本的な技術とツールの知識をさらに洗練されたものにしました。IPCを使いたいのであれば、シグナルと名前付きパイプが使えます。ワークロードを分離するために、VMを、さらにはFirecrackerのようなモダンなツールを使えるようになりました。また、モダンなLinuxディストリビューションについても説明しました。コンテナ（Docker）を使いたい場合、不変性を備えたコンテナベースのディストリビューションの使用を検討するとよいでしょう。そして、セキュリティのトピックでは、柔軟かつ大規模な認証が可能なKerberosとPAMを取り上げました。最後に、デスクトップLinuxや、ローカルな実験や開発のためのRaspberry Piのような組み込みシステムでLinuxを使う方法など、まだ主流とは言えないLinuxの使い方について紹介しました。

　ここで、さらにいくつかの読み物を紹介しておきましょう。

IPC

- 「An Introduction to Linux IPC」（https://oreil.ly/C2iwX）
- 「Inter-process Communication in Linux: Using Pipes and Message Queues」（https://oreil.ly/cbi1Z）
- 「The Linux Kernel Implementation of Pipes and FIFOs」（https://oreil.ly/FUvoo）
- 「Socat Cheatsheet」（https://oreil.ly/IwiyP）

仮想マシン

- VMware「What Is a Virtual Machine?」（https://oreil.ly/vJ9Uf）
- Red Hat/IBM「What Is a Virtual Machine (VM)?」（https://oreil.ly/wJEG1）
- 「How to Create and Manage KVM Virtual Machines from CLI」（https://oreil.ly/cTH8b）
- Debian Wikiのページ「KVM」（https://oreil.ly/XLVwj）
- QEMUマシンエミュレータ・バーチャライザのサイト（https://oreil.ly/wDCrH）
- Firecrackerのサイト（https://oreil.ly/yIOxz）

モダンなディストリビューション

- 「Containers and Clustering」（https://oreil.ly/Z8ZNC）
- 「Immutability & Loose Coupling: A Match Made in Heaven」（https://oreil.ly/T89ed）
- 「Tutorial: Install Flatcar Container Linux on Remote Bare Metal Servers」（https://oreil.ly/hZN1b）
- イメージベースのLinuxディストリビューションと関連ツールの一覧（https://oreil.ly/gTav0）
- 「Security Features of Bottlerocket, an Open Source Linux-Based Operating System」（https://oreil.ly/Bfj7l）
- 「RancherOS: A Simpler Linux for Docker Lovers」（https://oreil.ly/61t6G）

セキュリティ
- 「Kerberos: The Network Authentication Protocol」（https://oreil.ly/rSPKm）
- 「PAM Tutorial」（https://oreil.ly/Pn9fL）

その他のモダンかつ未来のトピック
- 「How X Window Managers Work, and How to Write One」（https://oreil.ly/LryXW）
- 「Purely Functional Linux with NixOS」（https://oreil.ly/qY62s）
- 「NixOS: Purely Functional System Configuration Management」（https://oreil.ly/8YALG）
- 「What Is a Raspberry Pi?」（https://oreil.ly/wnHxa）
- 「Kubernetes on Raspberry Pi 4b with 64-bit OS from Scratch」（https://oreil.ly/cnAsx）

　本書はついに終点に達しました。これがみなさんのLinuxの旅の始まりになることを願っています。お付き合いいただきありがとうございました。ご意見、ご感想がありましたら、Twitterや古き良きメール（modern-linux@pm.me）でいつでもお聞かせください。

付録 A
便利なコマンド集

　この付録Aでは、基本的なコマンドの使い方をまとめました。これは、長期にわたり集めたレシピの一部で、よく実行するもの、参考として手元に置いておきたいコマンドの備忘録です。Linuxの使い方や管理作業を完全に、あるいは深く網羅しているわけではありません。網羅されたレシピ集として、Carla Schroder の *Linux Cookbook*, 2nd Edition（https://oreil.ly/4Y90O、O'Reilly、2021）[1]をお勧めします。

A.1　システム情報

　Linuxのバージョン、カーネル、その他の関連情報を得るには、以下のコマンドを使用します。

```
cat /etc/*-release
cat /proc/version
uname -a
```

基本的なハードウェア（CPU、RAM、ディスク）の情報は、以下を実行して取得します。

```
cat /proc/cpuinfo
cat /proc/meminfo
cat /proc/diskstats
```

BIOSなど、システムのハードウェア構成についての情報は、以下を実行して取得します。

```
sudo dmidecode -t bios
```

dmidecodeの-tオプションのオプションとして、systemとmemoryを指定することもできます。
メインメモリとスワップの使用量を調べるには、次のコマンドを実行します。

```
free -ht
```

　プロセスが最大でいくつまでファイルディスクリプタを使用（オープン）できるか確認するには、以下を実行して取得します。

※1　訳注：第1版の邦題は『Linuxクックブック』（オライリー・ジャパン、2005）

```
ulimit -n
```

A.2　ユーザとプロセス

ログインしているユーザの一覧を表示するには、whoまたはw（より詳細な出力）を使用します。

特定のユーザSOMEUSERのプロセスにおけるシステムメトリクス（CPU、メモリなど）を表示するには、以下のコマンドを使用します。

```
top -U SOMEUSER
```

（全ユーザの）全プロセスをツリー形式で詳細とともに一覧表示します。

```
ps faux
```

特定のプロセス（ここではpython）を検索します。

```
ps -e | grep python
```

訳者補
psコマンドは表示列をカスタマイズできます。以下のように -oオプションで出力フォーマットを設定します。

```
ps -eLo pid,tid,nlwp,class,rtprio,ni,pri,psr,pcpu,stat,args
```

-Lはスレッド表示です。psrはプロセスが動作しているCPU番号が出力されます。

プロセスを終了させる場合、PIDがわかっていればkillコマンドのオプションに指定します（プロセスがこのシグナルに反応しない場合は、killコマンドに-9オプションを追加すると、強制終了させます）。

```
kill PID
```

また、killallにプロセス名を指定して終了させることもできます。

訳者補
プロセス名がわかっていて、PIDを知るにはpidof ＜プロセス名＞を実行します。そのため以下のようにすることもできます。

```
kill `pidof python`
```

訳者補
あるプロセスのスタックトレースを確認する場合にはgstack ＜PID＞、またはpstack ＜PID＞を実行します。ただしこれはユーザ空間のスタックトレースです。カーネル空間のスタックトレースはcat /proc/＜PID＞/stackで確認できます。プロセスが不具合で停止したときなどに役立つでしょう。

A.3　ファイル情報

ファイルの詳細（inodeのようなファイルシステムの情報を含む）の確認は、次のようにします。

```
stat somefile
```

訳者補
バイナリのセクションサイズを確認するには、size〈ファイル〉を実行します。テキスト、データ、bssのサイズと、それらの合計値が10進数（dec）、16進数（hex）で出力されます。

コマンドについて、シェルがどのように解釈するか、実行ファイルがどこにあるか確認するには、以下を使用します。

```
type somecommand
which somebinary
```

A.4　ファイルとディレクトリ

afileというテキストファイルの中身を表示するには、以下のコマンドを使います。

```
cat afile
```

訳者補
よくcat file | grep findmeのようなコードを見ますが、これはcatの無駄遣い（useless use of cat）と言います。この場合はgrep findme fileで十分です。

ディレクトリにあるファイルを表示するには、lsを使用します。そして、その出力をさらに利用したいときがあります。例えば、あるディレクトリにあるファイルを数えるには、次のようにします。

```
ls -l /etc | wc -l
```

訳者補
以下のようなファイルがあるときに、lsでオプションを付けないと、test2よりもtest10が先に出力されてしまいます。数字順に表示するには-vオプションを使います。これはバージョン番号ごとに並べるオプションです。

```
$ ls
test1  test10  test11  test12  test2  test3  test4  test5
$ ls -v
test1  test2  test3  test4  test5  test10  test11  test12
```

訳者補
ディレクトリの移動について、cd -を実行すると、1つ前にいたディレクトリに移動します。

ファイル名とファイルの内容を検索します。

```
find /etc -name "*.conf" ❶
find . -type f -exec grep -H FINDME {} \; ❷
```

❶ /etc で .conf ファイルを探す。

❷ カレントディレクトリにあるファイルに対して、grep で文字列「FINDME」を検索。

ファイルの差分を表示するには、以下のコマンドを実行します。

```
diff -u somefile anotherfile
```

訳者補
diff コマンドでパッチを作成する場合は -Nurp オプションがよいでしょう。また、まれに diff ファイル同士の差分を見たいことがあります。このようなときには sdiff が便利です。sdiff -s -w160 fix-take1.patch fix-take2.patch で異なる箇所だけが出力されます。

文字を置き換えるには、以下のように tr を使います。

```
echo 'Com_Acme_Library' | tr '_A-Z' '.a-z'
```

他に sed を使って文字列の一部を置換できます（区切り文字は / である必要はないため、パスや URL の内容を置換する場合に便利です）。

```
cat 'foo bar baz' | sed -e 's/foo/quux/'
```

テスト目的などで特定のサイズのファイルを作成するには、dd コマンドを使用します。

```
dd if=/dev/zero of=output.dat bs=1024 count=1000 ❶
```

❶ /dev/zero からデータを読み込み、output.dat ファイルに書き出す。1回の読み書きのブロックサイズが 1 KB で、1,000 回繰り返すため、ファイルサイズは 1 MB になる。また output.dat はゼロで埋め尽くされたファイルになる。

訳者補
ファイルの中身をランダムなものにしたい場合は、dd if=/dev/urandom of=output.dat とします。if=/dev/zero よりもだいぶ時間はかかります。

訳者補
デスクトップ Linux で、ターミナルで操作しているファイルを、ウェブブラウザにドラッグアンドドロップする場合などにカレントディレクトリを GUI で開きたい場合があります。このようなときには、そのターミナルで nautilus . と実行すると、GNOME ファイルマネージャ（Windows でいうエクスプローラー）が開きます。

A.5　リダイレクトとパイプ

「3.1.2.1　ストリーム」で、ファイルディスクリプタとストリームについて説明しました。以下はこのトピックに関するレシピを紹介します。

ファイルI/Oリダイレクトについてです。

```
command 1> file ❶
command 2> file ❷
command &> file ❸
command >file 2>&1 ❹
command > /dev/null ❺
command < file ❻
```

❶ コマンドの標準出力（stdout）をファイルにリダイレクトする。

❷ コマンドの標準エラー出力をファイルにリダイレクトする。

❸ コマンドの標準出力と標準エラー出力の両方をファイルにリダイレクトする。

❹ この方法でもコマンドの標準出力と標準エラー出力をファイルにリダイレクトできる。

❺ コマンドの出力を破棄する（/dev/nullにリダイレクトする）。

❻ 標準入力をリダイレクトする（ファイルをコマンドに入力する）。

あるプロセスのstdoutを別のプロセスのstdinに接続するには、パイプ（|）を使用します。

```
cmd1 | cmd2 | cmd3
```

訳者補

xargsコマンドを使うと、パイプ前の出力を、パイプ後のコマンドの引数にすることができます。例えば、カレントディレクトリにある.oファイルを再帰的に検索し、そのファイルにstripコマンドを実行します。

```
find | grep --color=never \\.o$ | xargs strip
```

パイプ内の各コマンドの終了コードを表示するには、以下のようにします。

```
echo ${PIPESTATUS[@]}
```

A.6　時刻と日付

ローカル時間、UTC時間、同期状態など、時間に関連する情報は、以下のコマンドで表示できます。

```
timedatectl status
```

日付を扱う場合、通常は現在時刻の日付やタイムスタンプを取得するか、既存のタイムスタンプをある形式から別の形式に変換します。

以下のコマンドで、2021-10-09のようにYYYY-MM-DDの形式で日付を取得することができます。

```
date +"%Y-%m-%d"
```

UNIXエポックタイムスタンプ（1633787676のような値）を取得するには、次のようにします。

```
date +%s
```

UTCのISO 8601タイムスタンプ（2021-10-09T13:55:47Zのような値）を取得するには、次のようにします。

```
date -u +"%Y-%m-%dT%H:%M:%SZ"
```

以下のようにすると、ローカル時刻のISO 8601タイムスタンプを取得できます。

```
date +%FT%TZ
```

A.7　Git

Gitリポジトリをクローンする場合、つまりLinuxシステム上にローカルコピーを作成する場合は以下のようにします。

```
git clone https://github.com/exampleorg/examplerepo.git
```

先ほどのgit cloneコマンドでexamplerepoというディレクトリのGitリポジトリが作成されます。以降はこのディレクトリで実行します。

ローカルの変更を色で表示し、追加した行と削除した行を並べて表示します。

```
git diff --color-moved
```

ローカルで何が変更されたか（編集されたファイル、新しいファイル、削除されたファイル）を確認します。

```
git status
```

ローカルの変更をすべて追加して、コミットします。

```
git add --all && git commit -m "adds a super cool feature"
```

現在のコミットのコミットIDを確認します。

```
git rev-parse HEAD
```

コミットIDがHASHのコミットにATAGタグを設定します。

```
git tag ATAG HASH
```

ローカルの変更をATAGタグで指定して、リモートにプッシュします。

```
git push origin ATAG
```

コミットの履歴を表示するにはgit logを使用します。サマリを取得する場合は以下を実行します（git describe --tags --abbrev=0で最新タグを取得し、それからHEADまでのサマリを取得しています）。

fish の場合

```
git log (git describe --tags --abbrev=0)..HEAD --oneline
```

bash の場合

```
git log $(git describe --tags --abbrev=0)..HEAD --oneline
```

または

```
git log `git describe --tags --abbrev=0`..HEAD --oneline
```

訳者補

gitの履歴からコードの意味を調べたり、いつからコードが実装されたかを調べたい場合はgit log -pでコミットログと修正コードも出力するようにします。

A.8　システムパフォーマンス

　デバイスの速度や、負荷のかかった状態で、Linuxシステムの性能を確認する場合があります。ここでは、システムに負荷をかける方法をいくつか紹介します。

　以下のコマンドで、意図的にメモリ負荷（CPUサイクルも消費）をかけます。

```
yes | tr \\n x | head -c 450m | grep z
```

　最初のyesコマンドはy文字を無限に生成します。それをtrコマンドが連続したyxストリームに（改行をxに）変換し、headコマンドで450 MBに制限します。最後にgrepでzを検索します。出力はyxの連続なのでzは存在しませんが、これにより負荷がかかります。

訳者補

yesコマンドは、yの文字入力を自動化するときによく使用します。例えば、apt-getやdnfは-yオプションがありますが、aptコマンドにはないので、yes | sudo apt autoremoveのような使い方をします。yesコマンドが出力するデフォルトの文字列はyですが、yes STRINGとすると、STRINGを無限に生成します。つまりはyes nもできます。

訳者補

単純にビジーループでCPUを消費するには、while [true] ; do : ; doneを実行します。

　ディレクトリのディスク使用量を確認するには、以下を実行します。

```
du -h /home
```

ディスクの空き容量の一覧を表示します。

```
df -h
```

ディスクをロードテストして、I/Oスループットを測定します。

```
dd if=/dev/zero of=/home/some/file bs=1G count=1 oflag=direct
```

訳者補

リモートマシンのGUIアプリケーションをローカルで操作するには、sshの **-X** オプションを使用します。これで手元のローカルマシンに scp などでファイルを転送する必要がなくなります。

［ローカルマシン］$ ssh -X ＜リモートマシン＞

［リモートマシン］$ wireshark network-capture-on-remote.pcapng

（このあとwiresharkのウィンドウ画面がローカルマシン上に表示される）

付録 B
モダン Linux ツール

　この付録Bでは、モダンなLinuxツールやコマンドに焦点を当てます。いくつかのコマンドは既存のコマンドをそのまま置き換えられます。他のコマンドは新しいものです。ここに挙げたツールのほとんどは、使い方をよりシンプルにしたり、カラーで見やすい出力やgit連携など、ユーザ体験（UX）を向上させ、より効率的なフローを実現しています。

　関連するツールを**表B-1**にまとめ、特徴と置き換え可能なコマンドを示しました（機能の説明は、コマンド自体の説明ではなく、置き換え可能なコマンドと比較した特徴、差分の場合があります）。

　この付録Bに記載されている多くのツールの背景や使い方を知るには、以下のリソースを活用するとよいでしょう。

- ポッドキャストエピソード「Modern Unix tools」（https://oreil.ly/9sfmW）の「The Changelog: Software Development, Open Source」
- GitHubリポジトリ Modern Unix（https://github.com/ibraheemdev/modern-unix）にあるスクリーンショットや動画で紹介されているモダンツールの一覧

表B-1　モダン Linux ツールとコマンド

コマンド	ライセンス	機能	置き換え可能な コマンド
bat (https://github.com/sharkdp/bat)	MIT ライセンスと Apache ライセンス 2.0	表示、ページ、シンタックスのハイライト	cat
envsubst (https://github.com/a8m/envsubst)	MIT ライセンス	テンプレートベースの環境変数（環境変数を展開）	なし
exa（https://the.exa.website/）	MIT ライセンス	親切なカラー出力	ls
dog（https://dns.lookup.dog/）	European Union Public ライセンス v1.2	シンプルな DNS 参照	dig
fx (https://github.com/antonmedv/fx)	MIT ライセンス	JSON 処理ツール	jq
fzf (https://github.com/junegunn/fzf)	MIT ライセンス	コマンドラインの fuzzy finder（あいまい検索）	ls + find + grep
gping (https://github.com/orf/gping)	MIT ライセンス	マルチターゲット、グラフ描画	ping
httpie (https://httpie.io/)	BSD 3-Clause「New」、または「Revised」ライセンス	シンプル UX	curl（curlie もある）
jo (https://github.com/jpmens/jo)	GPL	JSON を生成	なし
jq (https://github.com/stedolan/jq)	MIT ライセンス	ネイティブ JSON プロセッサ（切り出し、フィルタなど）	sed、awk
rg (https://github.com/BurntSushi/ripgrep)	MIT ライセンス	高速	find、grep
sysz (https://github.com/joehillen/sysz)	The Unlicense	systemctl の fzf ユーザインタフェース	systemctl
tldr（https://tldr.sh/）	CC-BY（content）と MIT ライセンス（scripts）	コマンドの使用例を中心に簡素化	man
zoxide (https://github.com/ajeetdsouza/zoxide)	MIT ライセンス	素早いディレクトリの変更（キーストロークが少ない、頻繁に使用するディレクトリを記憶など）	cd

索　引

著者紹介

Michael Hausenblas（マイケル・ハウゼンブラス）

Amazon Web Services（AWS）において、オープンソースのオブザーバビリティサービスチームのソリューションエンジニアリングリードを務める。データエンジニアリングと、Mesosから Kubernetesまでのコンテナオーケストレーションのバックグラウンドを持つ。W3CとIETFにおいてアドボカシーと標準化の経験があり、最近は主にGoでコードを書いている。Amazonの前は、Red Hat、Mesosphere（現D2iQ）、MapR（現HPE傘下）で10年間、応用研究に従事していた。著書に *Hacking Kubernetes*、*Programming Kubernetes*、*Kubernetes Cookbook*（以上O'Reilly）、*Linked Data*（Manning）がある。

翻訳者紹介

武内 覚（たけうち さとる）

2005年から2017年まで、富士通（株）においてエンタープライズ向けLinux、とくにカーネルの開発、サポートに従事。2017年からサイボウズ（株）技術顧問。2018年、サイボウズ（株）に入社。cybozu.comの新インフラのストレージ開発に従事。これまでに「［試して理解］Linuxのしくみ ―実験と図解で学ぶOS、仮想マシン、コンテナの基礎知識【増補改訂版】」（技術評論社）を執筆。

大岩 尚宏（おおいわ なおひろ）

サーバ向けや組み込み向けのLinuxにおいて、ユーザ空間、カーネルを問わず、調査や不具合の解析をしている。共著書に『Debug Hacks』（オライリー・ジャパン）、『LinuxカーネルHacks』（オライリー・ジャパン）、共訳書に『デバッグの理論と実践』（オライリー・ジャパン）、技術監修書に『Effective Debugging』（オライリー・ジャパン）、『HTML5 Hacks』（オライリー・ジャパン）などがある。

カバーの説明

　表紙の動物は、コウテイペンギン（学名 Aptenodytes forsteri、英語名 emperor penguin）です。

　「エンペラーペンギン」と呼ばれることもあり、現生ペンギンの最大種です。南極の厳しい環境下でも生息できるように独自の適応を遂げています。魚類、イカ、オキアミなどを捕食するため、水深500メートル以上まで、20分間も潜り続けることができます。また、ペンギンの骨は高密度で頑丈なので、強い水圧に耐えることができます。

　コウテイペンギンは社会性が高く、営巣地を形成したり、狩りの際に協力的な行動をとることで、厳しい環境を生き抜いています。気温が氷点下50度以下になることもある中、大きなコロニー（繁殖地）に集まり、体を寄せ合って暖め合います。長時間海で過ごしたあとでコロニーに戻った際は、決まった巣を持たないコウテイペンギンは、独特の声で鳴いて何千羽ものペンギンの中からつがいの相手を探します。

　繁殖期は冬で、メスは1個だけ卵を産み、オスが抱卵します。オスは足の上に卵を載せ、「抱卵嚢」と呼ばれる皮で覆って卵を温めます。抱卵期間は2ヶ月間で、その間、警戒心の強いオスは飲まず食わずで、体重が大幅に減少することもあります。

　現在、コウテイペンギンは準絶滅危惧種とされています。将来は気候変動による海氷の減少に伴い、個体数が激減するだろうと予測されています。